BAYINHE LIUYU ZHIBEI FUGAI BIANHUA
DUI SHUIWEN GUOCHENG DE YINGXIANG

巴音河流域植被覆盖变化对水文过程的影响

金　鑫　毛旭锋　金彦香　著

中国纺织出版社有限公司

图书在版编目（CIP）数据

巴音河流域植被覆盖变化对水文过程的影响 / 金鑫，毛旭锋，金彦香著. -- 北京 ：中国纺织出版社有限公司，2024. 12. -- ISBN 978-7-5229-2357-4

Ⅰ. Q948. 524. 4；X143

中国国家版本馆 CIP 数据核字第 20242NZ913 号

责任编辑：罗晓莉　国　帅　　责任校对：王蕙莹
责任印制：王艳丽

中国纺织出版社有限公司出版发行
地址：北京市朝阳区百子湾东里 A407 号楼　邮政编码：100124
销售电话：010—67004422　传真：010—87155801
http://www. c-textilep. com
中国纺织出版社天猫旗舰店
官方微博 http://weibo. com/2119887771
三河市宏盛印务有限公司印刷　各地新华书店经销
2024 年 12 月第 1 版第 1 次印刷
开本：710×1000　1/16　印张：9. 25
字数：172 千字　定价：98. 00 元

前　言

柴达木盆地地处青藏高原东北部、青海省境内，是我国四大盆地之一，是我国地势最高的盆地，其气候寒冷、干旱，生态脆弱。盆地内发育有多条内陆河，但水资源时空分布不均匀。近20年来，为防治水土流失、改善地表植被覆盖状况，柴达木盆地实施了退耕还林（草）工程、“三北”防护林建设等一系列植被恢复措施，植被恢复效果显著。尤其是水资源相对丰富的盆地东部内陆河流域，如巴音河流域，大量耕地、裸地被转化为灌木林地及草地。大规模植被恢复通过改变下垫面性质，致使区域水量平衡和能量平衡关系发生改变，引起蒸散发、土壤入渗、地下水补给等过程的变化，对区域水循环过程产生影响。此外，大面积植被恢复必然引起区域蒸散耗水量急剧增加，进一步消耗原本就有限的水资源，导致相关流域径流量锐减，加剧区域干旱缺水态势。柴达木盆地大规模植被恢复和干旱的气候条件将导致区域水资源消耗量增加和水资源供给量减少，打破原有的水量平衡关系，使原本就干旱缺水的柴达木盆地水资源供需矛盾进一步加剧，严重影响盆地生态恢复的可持续发展。为保证植被恢复效果，恢复植被被大量灌溉。灌溉将改变流域水资源空间分布特征，并导致局部地下水位变化，带来新的生态环境问题。另外，在全球气候变化的影响下，近40年柴达木盆地东部气温增速为0.048 ℃/a，降水增速为2.24 mm/a，气候明显向暖湿化发展。在人类活动和气候变化双重影响背景下，如何综合、定量评估柴达木盆地典型内陆河流域植被恢复对流域水文过程的影响？这是降低区域生态风险以及实现地下水资源有效管理及利用的先决条件，地域特色明显，并具有水文、气象、生态等多学科交叉特征。

综合当前研究发现：

①对于植被恢复的区域水分效应研究，涉及大规模植被恢复对地下水补给、地表水—地下水转换关系影响方面的研究较为欠缺。如何将点尺度机理分析与区域尺度规律探讨相结合？如何将植被恢复的区域水分变化过程耦合于生态水文模型？

②对于柴达木盆地植被恢复对水文过程的影响研究，多为基于试验观测手段的小尺度研究，流域作为进行生态—水文问题研究的最佳对象，可充分体现水资源和植被恢复耗水规律的时空变异特征，有必要开展大流域尺度上的植被恢复及其水文效应探讨。

本书正是跟踪上述领域的发展趋势，针对柴达木盆地植被恢复的区域水分效应和区域尺度植被恢复耗水规律研究中存在的不足及其重要性，在原有研究基础上，利用基于遥感获取的动态植被和地表参数，结合点位观测数据，对SWAT-MODFLOW生态水文模型进一步改进，动态模拟柴达木盆地东北部巴音河流域气候、生态和水文过程，分析植被恢复对流域蒸散发、土壤水分、地下水补给、地表水—地下水转换等过程的影响。

本书由青海师范大学资助，各章节是基于团队的国家自然科学基金、青海省科技厅自然科学基金项目结果编写的，包括团队发表的论文、博士研究生毕业论文等。编写分工如下：第2章由傅笛、秦艳红、金鑫、金彦香、毛旭锋编写；第3章由翟婧雅、金鑫、金彦香编写；第4章由郑丽、金鑫编写；第5章由郑丽、金鑫、金彦香编写；第6章由翟婧雅编写；第7章由傅笛、郑丽、金鑫、毛旭锋编写。其余章节由金鑫编写，由傅笛、金彦香统稿，最后由金鑫定稿。在此衷心感谢国家自然科学基金、青海省科技厅自然科学基金对我们的支持，感谢所有参与“高寒内陆河流域植被恢复对地下水补给的影响及地下水位响应”及“巴音河流域自然及人工植被恢复对地下水补给的影响及对比研究”项目成员，特别是毛旭锋教授、金彦香副教授、傅笛、翟婧雅、郑丽、秦艳红、李子昂和杨景云。各位老师、同学们的团结和努力是本书形成的基础。

由于作者水平有限，书中不足与疏漏之处在所难免，敬请各位专家、学者及广大读者批评指正，我们将对本书进行进一步修改及完善。

著者

2024年12月

目　录

第1章 引言

1.1 研究意义

地下水在干旱区内陆河流域水循环中占有主导地位，是自然系统中最重要的基础性资源之一。地下水主要通过水分下渗获得补给，也可来自地表水体渗漏。地下水补给量的变化最终可能导致地下水位变化，地下水位是生态环境的主要影响因素之一。植被是土壤和大气间水量交换的关键驱动因素，其通过降雨截留和消耗土壤水分等方式间接影响地下水补给，在地下水循环中具有重要作用。一般来说，干旱/半干旱区的地下水补给比湿润地区更容易受地表植被覆盖条件的影响。准确评估植被变化下的地下水补给量变化及相应地下水位变化对干旱/半干旱区地下水调控、区域生态安全等具有重要意义。由于降水少且季节性强、补给量通常较小等原因，干旱/半干旱区地下水补给量的估算具有挑战性。水文模型，因其可对气候变化及人类活动影响下的复杂水循环过程近似描述和再现，是区域植被变化的水文效应研究的有效手段。但是，由于多数水文模型对区域地表覆被变化的概化处理，以及计算截留、蒸发等影响地下水补给的主要过程对大量植物生长参数的依赖，影响了其对植被变化及水文过程响应的有效刻画。因此，由于研究手段的限制，目前干旱区植被变化对地下水循环的影响机理尚不明确。

柴达木盆地地处青藏高原东北部、青海省境内，是我国四大盆地之一，也是我国地势最高的盆地。其气候寒冷、干旱，生态脆弱。盆地内发育有多条内陆河，地下水资源丰富。近20年来，为防治水土流失、改善地表植被覆盖状况，柴达木盆地实施了退耕还林（草）工程、“三北”防护林建设等一系列植被恢复措施，植被恢复效果显著。尤其是水资源相对丰富的盆地东部内陆河流域，大量耕地、裸地被转化为灌木林地及草地。经调查，为保证植被恢复效果，恢复植被被大量灌溉。此外，在全球气候变化的影响下，近40年柴达木盆地东部气温增速为0.048℃/a，降水增速为2.24 mm/a，气候明显向暖湿化发展。在此背景下，如何综合、定量评估植被恢复对地下水补给的影响？如何有效评价植被恢复及相应地下水补给量的变化对不同时间、不同区域地下水位的影响？这是降低区域生态风险以及实现地下水资源有效管理及利用的先决条件，地域特色明显，并具有水文、气象、生态等多学科交叉特征。

基于以上现状，在柴达木盆地东北部内陆河流域——巴音河，基于流域土地利用/覆被变化特征、地表水—地下水模型耦合、流域地表水—地下水转换关系及水量的准确刻画和模拟等研究基础，综合、定量评价巴音河中下游流域大面积植被恢复后地下水补给量的变化及地下水位响应。采用地表水—地下水耦合模型与植被动态过程相结合的方法，分析退耕还林（草）工程实施后土地利用方式及地表覆盖类型的变化，以及不同植被和地表参数的时空动态变化，在考虑区域气候暖湿化以及恢复植被灌溉背景下，分析植被恢复对流域水循环的作用强度及影响，在此基础上模拟巴音河流域地下水循环过程，回答了：①如何更加精确地模拟植被恢复的区域水文效应？②大面积植被恢复下，区域地下水补给量如何变化等科学问题。

1.2 国内外研究现状及分析

1.2.1 土地利用/覆被变化研究进展

土地利用/覆被类型主要体现的是人类活动或自然过程对土地影响的最终结果，是地表过程关键参数。区域土地利用方式、覆被类型变化可引起地表特征发生变化，进而改变降雨截留、蒸散等，最终影响诸多地表过程。综观目前国际上有关土地利用/覆被变化的研究，建立地表过程及驱动力数据库是其重要的研究方向之一。相关研究手段主要是基于遥感及地理信息技术获取区域土地利用/覆被类型分类及相关地表特征参数，用于地表过程建模。在人类活动影响日渐强烈的今天，传统土地利用/覆被分类方式下，同种土地利用/覆被类型上可能存在不同的管理方式，这些管理方式往往会对地表过程有重要影响。如植被，有人工植被与天然植被之分，前者往往被大量灌溉，后者仅依靠雨养。这种情况在干旱区更为普遍，将同种植被根据管理措施的差异进一步细分，对区域地表过程准确刻画具有重要意义。然而目前，很少有研究重视这一点。

中分辨率成像光谱仪（Moderate Resolution Imaging Spectroradiometer，MODIS）、甚高分辨率辐射计（Advanced Very High Resolution Radiometer，AVHRR）、Landsat 等一直是土地利用/覆被分类的主流数据源，基于其产生了很多优良的土地利用/覆被产品，如全球地表覆盖（Global Land Cover，GLC）、中国多时期土地利用遥感监测数据集（Chinese National Land Use/ Land Cover Change，CNLUCC）等。这些数据产品在反映大区域尺度土地利用/覆被时空变化情况时有较高精度及良好适用性，但在较小区域尺度上存在精度相对较差及缺乏验证等问题。随着更高空间分辨率的 Sentinel 系列卫星（包含光学、微波）等走上历史舞台，以及更先进的分类方法的出现，为高时效获取更高分辨率、更精细分类及更优精度的土地利用/覆被数据创造了条件。已有研究在非洲东北部及南部，基于高分辨率 Sentinel 影像，结合不同分类方法，尝试对不同管理措施下的农作物（雨养/灌溉）进行了区分，并得到了较好的效果。采用多源、多时相遥感数据，选择并结合最优自动分类方法（随机森林、多元线性回归、人工神经网络等），对区域内不同管理措施下的土地利用/覆被进行高效、精确分类，是准确刻画区域地表过程的前提。

1.2.2 植被变化对地下水补给影响的研究进展

植被是土壤和大气间水量交换的关键驱动因素，在地下水循环中具有重要作用，其通过截留、蒸散等间接影响地下水补给量。美国艾奥瓦州部分流域的研究表明，当多年生深根木本植物被转化为草地及一年生浅根性农作物后，地下水补给率明显增加。澳大利亚昆士兰州东南部部分流域的相关研究认为，当稀疏草地被稀疏林地替代后，地下水补给量将减少 25%；当稀疏草地被茂密林地替代后，地下水补给量将减少 48%。我国黄土高原泾河流域的研究表明，平均森林覆盖率每增加 10%，将导致流域年地下水补给量降低 11.1 mm。这些区域尺度的研究已经证实，不同类型、不同覆盖度的植被之间相互转换，对地下水补给的影响非常显著。

一般来说，干旱/半干旱区的地下水补给比湿润地区更容易受到地表覆盖条件的影响。由于降水少且季节性强、补给量通常很小等原因，干旱/半干旱区地下水补给量的估算具有挑战性，一般的土壤水资源平衡法、水文资料分析法等难以适用。目前，水文模型因其可对自然界中复杂水循环过程近似描述和再现，可作为区域植被变化之水文效应研究的有效手段。如水平评估工具（Soil and Water Assessment Tools，SWAT 模型），作为美国农业部生态保护效果评估计划以及美国国家环境保护局水文—水质系统的关键组成部分，可刻画具有不同土壤类型、土地利用和管理条件的大尺度复杂流域的产水、产沙等过程。其在我国干旱/半干旱区内陆河流域的水循环及其影响因素研究中具有广泛应用。SWAT 模型采用简化版的 EPIC（Environmental Policy Integrated Climate）模型模拟植物生长过程，植物的生长取决于模型数据库中的植物属性和管理文件中的管理措施。叶面积指数（Leaf Area Index，LAI）作为表征植物生长年龄、植被覆盖度等植被生长状况的重要指标，在 SWAT 模型中，是连接植被与水循环的重要桥梁。从降水到产流过程中，基于 LAI 计算的植物截留量被归入初损，此外，SWAT 模型主要基于彭曼公式计算蒸散发量，LAI 亦是其重要参数。因此，LAI 可直接影响水循环的模拟精度。SWAT 模型基于植被生长参数及相关管理措施计算 LAI，其植物生长数据库中有将近 80 种植物及相关生长参数。但是，SWAT 模型对部分植被的 LAI 估计存在明显偏差，如模型采用草本植物相关参数模拟灌木生长过程，这对灌木大面积分布的干旱区生态水文过程模拟有一定影响。一般来说，可采用实测或基于卫星遥感数据获取的 LAI 调整植被生长数据库中的相关参数或 LAI 曲线控制参数对 LAI 进行最佳估计。然而，参数校准过程中存在实测或基于遥感的 LAI 与 SWAT 模拟结果空间尺度不匹配的问题，以及参数调整导致的模型失真问题。能否借助遥感技术获取高精度、高时空分辨率的 LAI 数据，再利用 SWAT 模型直接基于其进行后续水文过程及植物生长过程计算，提高模型对产流、蒸散、下渗等过程的模拟精度，避免繁杂的参数获取、计算等过程以及模型失真问题。这对于强化模型物理基础、降低模型不确定性、增强模型机理、提高植被变化对地下水补给影响的模拟精度具有重要意义。美国国家航空航天局（National Aeronautics and Space Administration，NASA）基于 MODIS 制作的全球 LAI 产品，如 MCD15A3H 数据（4 d，500 m），具有时间尺度长、时间分辨率和精度高、易获取等特点，但其空间分辨率较低。随着时空自适应反射率融合模型（Spatial and Temporal Adaptive Fusion Model，STARFM）及增强型时空自适应反射率融合模型（Enhanced Spatial and Temporal Adaptive Fusion Model，ESTARFM）等的提出，高时间分辨率、低空间分辨率的 MODIS 相关数据产品可与高空间分辨率、低时间分辨率的遥感数据产品（如 Landsat）进行融合，产生高时空分辨率的数据产品。因此，借助 ESTARFM 模型，将 MODIS、Landsat 等的相关数据产品进行融合，产生的高时空分辨率 LAI 数据，可作为 SWAT 模型输入，直接替换模型中的 LAI 计算子模块，为精确刻画研究区植被动态变化过程及其水文效应打好基础。

1.2.3 区域地下水循环模拟研究进展

地下水研究的一项重要任务就是评估和预测人类活动对其影响的规模和速度，以便提出相应的治理措施。区域地下水循环过程的准确刻画是达成这一任务的前提。模型是描述和再现区域地下水循环过程的有效手段。目前，地下水模拟计算方法已趋成熟，衍生出了一系列被广泛应用的专业地下水模型，如 MODFLOW（Modular Three-dimensional Finite-difference Groundwater Flow Model）、FEFLOW（Finite Element Subsurface Flow System）、SUTRA（Saturated Unsaturated Transport）等。这些模型的有效运行依赖于特定边界条件的输入，如地下水补给。地下水补给项通常是以参数的方式来确定的，参数的准确获取具有一定难度。作为水文科学研究的重要手段，分布式水文模型的物理基础坚实，其反映的地表特征、降雨时空分布情况较为准确，可在准确刻画地表径流、下渗、蒸散发等过程的基础上准确模拟地下水补给量。但是，一般的分布式水文模型简化了对地下水过程的描述，使其在地下水过程占主导的干旱/半干旱区水文过程模拟存在缺陷。将地表水模拟模型与地下水模型耦合，发挥两种模型各自的优势，将地表水与地下水作为整体进行刻画，可有效模拟地表特征变化引起的地下水补给量变化，以及其对地下水位的影响，亦可有效提高地下水循环过程的模拟精度。目前，已有许多学者对地表水—地下水联合模拟进行了尝试，如 SWAT-MODFLOW 耦合模型、HSPF（hydrological simulation program-fortran）-MODFLOW 耦合模型、PRMS（precipitation-runoff modeling system）- MODFLOW 耦合模型等。其中，SWAT-MODFLOW 耦合模型已较成熟且应用广泛。在气候变化、人类活动等影响日趋强烈的背景下，为保证地下水循环模拟精度，建模时应该详细考虑人类活动因素及邻区水流条件因素产生的耦合效应问题。Jin 等将 SWAT 模型的基本计算单元-静态水文响应单元（HRUs）改进为动态 HRUs，开发了能够更准确体现人类活动影响下区域地表覆被变化的 LU-SWAT 模型，将其与 MODFLOW 模型耦合，进一步开发了 LU-SWAT-MODFLOW 模型。该模型克服了原始 SWAT-MODFLOW 模型同一计算单元无法有效体现土地覆被向不同类型转变、土地覆被部分变化等问题。目前，如何在动态计算单元（HRUs）上进行参数优化？如何将动态 HRUs 与地表参数（如 LAI）的动态变化相互映射，更加准确的表达地表覆被的变化？这些问题是有效刻画人类活动强烈地区地下水循环过程的关键，还有待进一步研究。

第 2 章 研究区概况

2.1 自然地理条件

巴音河流域（36°53′~38°11′ N，96°29′~98°08′ E）位于青海省海西州德令哈市境内，地处柴达木盆地东北缘，是柴达木盆地第四大内陆河，河长约326 km，流域总面积约为17608 km^2。巴音河发源于祁连山分支野牛脊山，出山后流入泽令沟盆地，而后流经黑石山水库，后汇入白水河，流入山前洪积扇平原且全部入渗，补给地下水形成地下潜流，自流至洪积扇前缘溢出地表，汇作泉集河，整个河段通过数次潜流和溢出，最终汇入尕海湖和可鲁克湖和托素湖湖区。该流域北起宗务隆山，南接德南丘陵，东抵布赫特山边缘范围的平原区，西至伊克达坂山，与塔塔棱河水系相隔。流域内总体地势东北高、西南低，海拔 2820~5030 m，主要由两侧的宗务隆山、布赫特山和中间的若干湖盆地组成。北部基岩山区地貌类型主要为侵蚀构造中高山地，南部及西部德令哈隆起一带为剥蚀构造低山丘陵，中部及东部泽令沟盆地为冲积—洪积平原。受新构造运动的影响，流域内沉积了大量第四系松散堆积物，岩性颗粒从上游至下游由粗变细。

2.2 气候条件

巴音河流域属典型的高原荒漠半荒漠干旱气候，干旱少雨，气温低，蒸发强。该流域年均气温 3.9℃，历年极端最高气温 34.7℃，极端最低气温-27.9℃，7 月为全年最热月，平均温度达 16.7℃，最冷月份为 1 月，气温平均低至-11.2℃。降水稀少且分布不均，年均降水量为 169.3 mm，全年 85%的降水量集中在 5~9 月。蒸发量大，年均蒸发量为 2036.3 mm，宗务隆山降水量随海拔升高而显著增加，超过 450 mm/年。日照时间长，年日照时数为 3127.9 h，年辐射总量为 724.1 kJ · cm^{-2}。多风，年均风速 2.2 m/s。无霜期短，一般为 84~99 天。

2.3 社会经济与生态问题

20 世纪 90 年代初，德令哈政府进行柴达木盆地绿洲农业的开发，将游牧业转变为包括农、牧、林、副、渔齐发展的大农业，将自给自足型农业转变为商品型农业。德令哈经济区的发展带动了当地农牧业的发展，并且农牧业占主导地位。德令哈自建市初，区域内丰富的矿产资源推动了区域工业发展，目前已形成合理的工业体系。自本世纪初以来，随着枸杞种植技术的逐渐成熟，巴音河流域引进了多品种的枸杞，成为当地的特色经济作物，其种植面积逐年增加。因巴音河流域日照充足，加上该区域昼夜温差大，大田实验的耕地选在德令哈枸杞产业园中，种植总面积占该地区总耕地面积的 80%以上，不仅改善了生态环境，也取得良好的经济效益。

近年来，受全球气候变暖以及频繁的人类活动的影响，巴音河流域地下水循环模式受到扰动，当地的生态平衡遭到较为严重的破坏。加之流域内黑石山水库、蓄集峡水利水电枢纽等工程的建设及上游水源地开采、农业引水灌溉等人类活动加剧，流域内水资源供需矛盾日益突出，干旱问题也日益凸显。流域内湖泊和湿地面积减少、土壤盐渍化、沙化土地面积增加、植被破坏、下游地下水位上升等一系列生态问题也随之出现并日趋严重。人们引用地表水进行大水漫灌以满足农业用水需求，将地下水接受河流渗透的线性补给改变为面状补给，使下游水位在每年 5~9 月急剧下降，9 月以后水量又大量回升，直接补给下游地下水，导致中下游灌区大面积农田被淹没，严重情况下，还会引起房屋倒塌，造成巨大经济损失，甚至会威胁到当地居民的生命安全。

第 3 章　巴音河上游山区水文过程模拟

3.1　气候变化对高寒山区流域径流量的影响模拟及预测

3.1.1　SWAT 模型简介

SWAT 模型是由美国农业部开发的一种具有很强物理基础、连续时段的分布式水文模型，不仅能对流域进行长时段模拟，且可应用于具有不同土地利用类型、土壤类型、气候、地形和管理条件下的复杂流域，并能在数据资料缺乏的区域建模。目前，SWAT 模型已广泛且成功应用于世界各地。

3.1.1.1　SWAT 模型原理

SWAT 模型由 701 个方程和 1013 个中间变量组成，主要包括水文模块、土壤侵蚀模块、污染负荷模块。以下主要介绍水文模块和土壤侵蚀模块。

（1）水文模块

SWAT 模型流域水文过程的刻画可分为两个阶段：水循环的陆面、水面阶段，前者包括产流和坡面汇流部分，其主要决定着各个子流域水、泥沙、污染物质等至主河道的输入量；后者为河道汇流演算部分，即流域中水、泥沙等向出水口的输移过程。SWAT 模型水循环过程如图 3-1 所示。

SWAT 模型的水文循环计算依据水量平衡原理进行，遵循式（3-1）：

$$W_t = W_0 + \sum_{\theta=1}^{t} (R_{(\mathrm{day},\ \theta)} - Q_{(\mathrm{surf},\ \theta)} - E_{(t,\ \theta)} - W_{(\mathrm{seep},\ \theta)} - Q_{(\mathrm{gw},\ \theta)}) \tag{3-1}$$

式中：W_t 表示最终土壤含水量（mm）；W_0 表示初始土壤含水量（mm）；t 表示模型模拟水文过程的时间步长（d）；$R_{(\mathrm{day},\theta)}$ 表示第 θ 天的降水量（mm）；$Q_{(\mathrm{surf},\theta)}$ 表示第 θ 天的地表径流量（mm）；$E_{(t,\theta)}$ 表示第 θ 天的实际蒸散发（mm）；$W_{(\mathrm{seep},\theta)}$ 表示第 θ 天的土壤入透量（mm）；$Q_{(\mathrm{gw},\theta)}$ 表示第 θ 天的回归流水量（mm）。

SWAT 模型通过水文响应单元（HRU）来反映土壤、植被等因素的变化对流域水循环的影响。水循环陆面阶段实际计算中主要考虑气候、水文、植被覆盖因素。以下主要介绍水文因素和植被因素。

1）水文因素：

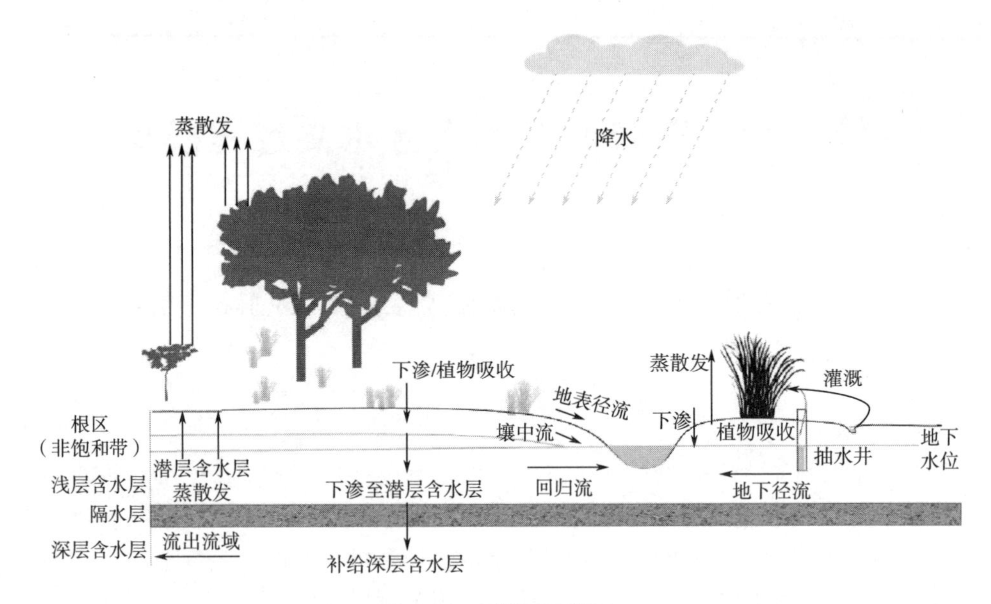

图 3-1 水循环示意图

大气降水被冠层截留或到达地表。到达地表的水分一部分形成地表径流汇入河道，另一部分下渗到土壤的水分被蒸发或经地下路径汇入地表水系统。以下是 SWAT 模型估算重要水文过程的介绍。

地表径流：地表径流是水文循环的一个重要过程。SWAT 模型采用径流曲线法（Soil Conservation Service，SCS）和 Green & Ampt 入渗法两种方法计算地表径流量。SCS 曲线法考虑到了土地利用类型、土壤类型等因素，以日为时间步长。Green & Ampt 入渗法需时间步长为日以下的降水量数据。根据本文采用的气象数据，采用 SCS 法估算地表径流量。

SCS 曲线法引入综合参数径流曲线数值（Runoff Curve Number，CN），反映了流域在降雨前的特征，范围在 0~100 之间，通过 CN 值反应不同土地利用、土壤等下垫面对径流量的影响，从而模拟不同土地利用类型、土壤类型等下垫面的径流量。SCS 曲线法计算公式如下：

$$QW_{surf} = \frac{(P_{day} - C_a)^2}{P_{day} - C_a + S} \tag{3-2}$$

式中：QW_{surf} 表示径流量（mm）；P_{day} 表示日降雨量（mm）；C_a 表示初始截留量（mm），通常为 $0.2\times S$；S 表示滞留因子（mm），计算公式如下：

$$S = 25.4 \times \frac{1000}{CN} - 10 \tag{3-3}$$

式中：CN 表示径流曲线。

因此，式（3-4）可为：

$$QW_{surf} = \frac{(P_{day} - 0.2 \times S)^2}{P_{day} - 0.8 \times S} \tag{3-4}$$

冠层截留：指植物冠层对降水拦截的水量，对地表径流、下渗、蒸散发具有重要影响。冠层截留消耗与蒸发，是计算产流量的部分。在 SWAT 模型两种计算地表径流的方法中，SCS 曲线数法与 Green & Ampt 法不同，前者考虑到冠层截留，而后者需要单独对冠层截留进行计算。SWAT 模型可以模拟日尺度下的冠层截留最大水量，计算需输入植物生长最茂盛时的冠层截留量、最大 LAI 以及土地覆盖/植物生长时段的 LAI，如公式：

$$C_{day} = C_{max} \times \frac{LAI}{LAI_{max}} \tag{3-5}$$

式中：C_{day}表示某天植物冠层截留最大水量（mm）；C_{max}表示植物生长最茂盛时冠层截留最大水量（mm）；LAI 表示某天的叶面积指数；LAI_{max} 表示植物最大叶面积指数。

下渗：水分从土壤表面向土壤剖面垂直运动的过程。主要考虑初始下渗率和最终下渗率两个参数，前者依赖于土壤初始含水量，后者与土壤饱和渗透系数相等。当计算地表径流时，SCS 曲线数法不能直接模拟下渗量，需基于水量平衡从降水量中减去地表径流量；Green & Ampt 法需更短时间段的降水量数据来模拟下渗。

再分配：停止降水或灌溉后，下渗的水分在土壤剖面中会持续运动向下渗透，直至饱和，从而停止分配。SWAT 模型中使用蓄水演算方法预测土壤上层到下层的水量，计算如下式：

$$w_{(perc, ly)} = W_{(ly, e)} \times \left[1 - \exp\left(\frac{-\Delta T \cdot K_s}{SAT_{ly} - F_{ly}}\right)\right] \tag{3-6}$$

当$W_{ly} > F_{ly}$ 时：

$$W_{(ly, e)} = W_{ly} - F_{ly} \tag{3-7}$$

当$W_{ly} \leq F_{ly}$ 时：

$$W_{(ly, e)} = 0 \tag{3-8}$$

式中：$W_{(perc,ly)}$ 表示某天渗透到土壤下上层的水量（mm）；$W_{(ly,e)}$ 表示某天土壤层可渗透水量（mm）；W_{ly} 表示某天土壤层的含水量（mm）；F_{ly} 表示土壤层田间持水量（mm）；ΔT 表示时间步长（h）；K_s表示该土壤层饱和渗透系数（mm/h）；SAT_{ly} 表示土层饱和含水量（mm）。

水分再分配受温度影响，当土壤温度为 0 或低于 0 时，水分不再渗透，不再发生再分配。

蒸散发：蒸散发指地表固态水或液态水转化为气态水的过程，是水文循环的关键过程。陆地水量平衡中，大约 60% 的降水量通过蒸散发的方式回到大气。

SWAT 模型中的蒸散发主要包括植物蒸腾、水面蒸发、裸地蒸发。土壤层的水蒸发和植物蒸腾在模型中是分开模拟的。潜在土壤水蒸发、实际蒸散发、植物蒸腾分别通过建立潜在蒸散发和 LAI 函数关系、土壤厚度和含水量之间的指数函数以及潜在蒸散发和 LAI 的线性关系来计算。潜在蒸散发是假定植物不受对流或热存储效应微气候影响，且受土壤水充分供给，生长完全均一的区域上的蒸散发。SWAT 模型对于潜在蒸散发的模拟有 3 种：Priestly - Taylor 方法、Penman - Monteith 公式、Hargreaves 方法。其中，Penman-Monteith 公式是应用最为广泛的估算蒸散发的方法之一，该方法需输入太阳辐射、相对湿度、日最高/最低气温、风速数据，Priestly-Taylor 方法和 Hargreaves 方法考虑气象因素较少。根据研究区实际概况，本文采用 Penman-Monteith，公式如下：

$$\gamma E = \frac{\Delta \times (A_{\text{net}} - G_{\rho}) + \rho_{\text{a}} \times c \times (\mu_h^0 - \mu_h)/r_{\text{air}}}{\Delta + a \times (1 + r_{\text{c}}/r_{\text{air}})} \tag{3-9}$$

式中：γE 表示潜热通量密度［MJ/（m^2·d）］；E 表示蒸发率（mm/d）；Δ 表示温度和饱和水汽压曲线关系的斜率；A_{net} 表示净辐射量［MJ/（m^2·d）］；G_{ρ} 表示至地面的热通量密度［MJ/（m^2·d）］；ρ_{a} 表示空气密度（kg/m^3）；c 表示特定热量［MJ/（kg·℃）］(恒压条件下)；μ_h^0 表示 h 高度的饱和水汽压（kPa）；μ_h 表示 h 高度的水汽压（kPa）；r_{air} 表示空气运动阻力（s/m）；a 表示湿度计算常数；r_{c} 表示植物冠层阻力（s/m）。

壤中流：地表与临界饱和带之间的水流。SWAT 模型中 0~2 m 七层的壤中流和再分配同时计算，采用动态存储模型来估算每个土层的壤中流，同时考虑了比降、土壤含水量、渗透系数的时空变化。

2）植被因素：

SWAT 模型利用单一且基于 EPIC（Environmental Policy Integrated Climate）植物生长模型的植物生长模块来模拟不同类型的土地覆盖、植被生长、生物量及产量，可区分一年和多年生植物。模型中，LAI 是模型中连接水文和生态的重要中间参数，用于表示植被冠层覆盖度，是反映植被生长状况、水分和温度胁迫的指标，对截留太阳辐射、发生蒸腾有重要影响，也是估算潜在生物量重要变量之一。SWAT 模型通过基于有效积温的理想叶面积发育模型来计算 LAI，计算方法如下。

在植物生长初期，理想 LAI 发育曲线控制着叶面积和冠层高度的生长，计算方程式如下：

$$L_{\text{LAImax}} = \frac{L_{\text{PHU}}}{L_{\text{PHU}} + \exp(\alpha_1 - \alpha_2 \times L_{\text{PHU}})} \tag{3-10}$$

式中：L_{LAImax} 表示对应潜在热单位比的最大叶面积指数分数；L_{PHU} 表示在生长季节某天的植物潜在热单位比；α_1 和 α_2 表示形状因子。

L_{PHU} 计算公式如下：

$$L_{PHU}=\frac{\sum_{\theta=1}^{d}HU_{\theta}}{PHU} \tag{3-11}$$

式中：HU_{θ} 表示第 θ 天积累的热单位；PHU 表示植物的潜在热单位总量。α_1 和 α_2 形状因子计算公式如下：

$$\alpha_1=\ln\left(\frac{L_{(PHU,1)}}{L_{(LAI,1)}}-L_{(PHU,1)}\right)+\alpha_2\times L_{(PHU,1)} \tag{3-12}$$

$$\alpha_2=\frac{\left[\ln\left(\frac{L_{(PHU,1)}}{L_{(LAI,1)}}-L_{(PHU,1)}\right)-\ln\left(\frac{L_{(PHU,2)}}{L_{(LAI,2)}}-L_{(PHU,2)}\right)\right]}{L_{(PHU,2)}-L_{(PHU,1)}} \tag{3-13}$$

式中：（$L_{(PHU,1)}$，$L_{(LAI,1)}$）和（$L_{(PHU,2)}$，$L_{(LAI,2)}$）表示理想叶面积指数发育曲线的已知点。

理想生长条件下，对于植物生长期，新增的 LAI 计算公式如下：

$$\Delta LAI_{\theta}=(L_{(LAI_{max},\theta)}-L_{(LAI_{max},\theta-1)})\times LAI_{max}\times\{1-\exp[5\times(LAI_{\theta-1}-LAI_{max})]\} \tag{3-14}$$

树木叶 LAI 计算如下：

$$\Delta LAI_{\theta}=(L_{(LAI_{max},\theta)}-L_{(LAI_{max},\theta-1)})\times\frac{y_r}{y_v}\times LAI_{max}\times\left\{1-\exp\left[5\times\left(LAI_{\theta-1}-\frac{y_r}{y_v}\times LAI_{max}\right)\right]\right\} \tag{3-15}$$

$$LAI_{\theta}=LAI_{\theta-1}+\Delta LAI_{\theta} \tag{3-16}$$

式中：ΔLAI_{θ} 表示第 θ 天新增的叶面积指数；LAI_{θ} 和 $LAI_{\theta-1}$ 分别表示第 θ 天和第 $\theta-1$ 天的叶面积指数；$L_{(LAI_{max},\theta)}$ 和 $L_{(LAI_{max},\theta-1)}$ 分别表示由式（3-10）计算第 θ 天和第 $\theta-1$ 天的最大叶面积指数比；LAI_{max} 表示最大叶面积指数；y_r 表示植物当年的树龄（a）；y_v 表示植物发育成熟所需的年数（a）。

当植被达到最大 LAI 后，模型中 LAI 保持不变，直至枯黄期，植物叶片生长量开始小于衰老量为止。当植物叶片衰老占主导时，LAI 计算公式如下：

$$LAI=LAI_{max}\times\frac{1-L_{PHU}}{1-L_{(PHU,sen)}} \tag{3-17}$$

树木的 LAI 计算如下：

$$LAI=\left(\frac{y_r}{y_v}\right)\times LAI_{max}\times\frac{1-L_{PHU}}{1-L_{(PHU,sen)}} \tag{3-18}$$

式中：LAI 表示某天的叶面积指数；L_{PHU} 表示生长季某天植物累积的潜在热单位比；$L_{(PHU,sen)}$ 表示植物生长过程以衰老为主导占整个生长季（PHU）的比例。

SWAT 模型通过休眠来重复植物的生长周期，但除热带地区之外。当白天时长接近一年中最短的时候，一年和多年生植物不再生长。此时，LAI 将被设定为特定植物的最小值。图 3-2 展示了原始 SWAT 植物生长估算模块。

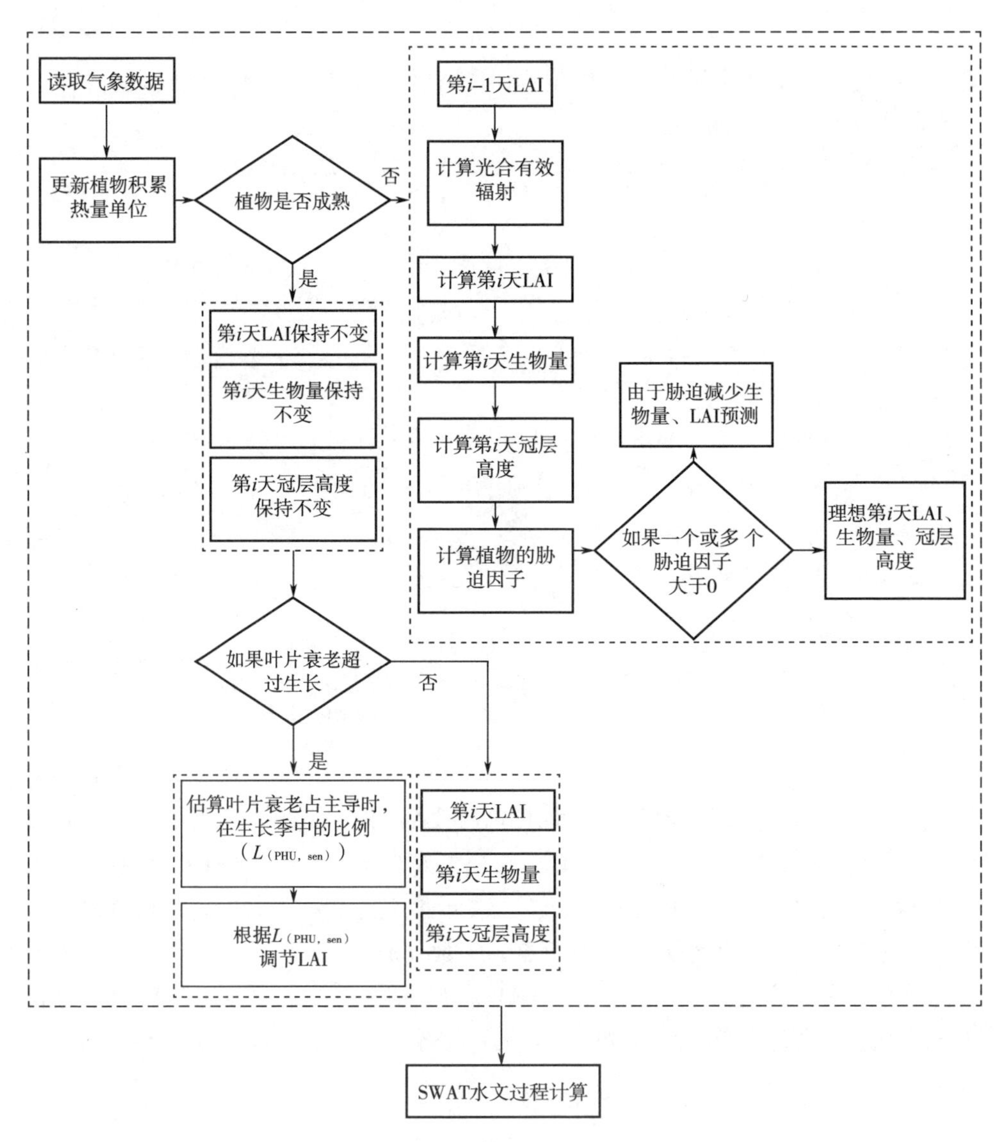

图 3-2　SWAT 模型原始植物生长模块

（2）土壤侵蚀模块

SWAT 模型利用修正后的通用土壤流失方程（MULSE）来模拟泥沙含量。MULSE 是由通用土壤流失方程（ULSE）改进而来，其利用径流系数代替 ULSE 的降雨能量函数，提高了泥沙产量的预测精度，且不再需要输沙率就能用于模拟单个暴雨事件。其计算方程式如下：

$$Q_{sed} = 11.8(Q_{surf} \times Q_p \times area_{hru})^{0.56} \times K \times C \times P \times TR \times CFRG \tag{3-19}$$

式中：Q_{sed} 表示某日的泥沙含量；Q_{surf} 表示地表径流总量（mm/hm^2）；Q_p 表示洪峰流量（m/s^3）；$area_{hru}$ 表示 HRU 的面积（hm^2）；K 表示土壤可侵蚀因子［$0.013\ t \cdot m^2 \cdot h/(m^3 \cdot t \cdot cm)$］；$C$ 表示土壤覆盖与管理措施因子；P 表示水土保持措施因子；TR 表示地形因子；CFRG 表示粗糙度因子。

土壤可侵蚀因子 K 主要用于反映不同土壤类型抗侵蚀能力的程度，其依据 Williams 提出的一个可选方程。计算式如下：

$$K = f_e \times f_{cl-si} \times f_o \times f_h \tag{3-20}$$

式中：f_e 表示高/低含沙量土壤的高/低可蚀性因子；f_{cl-si} 表示黏粒/粉粒值高的土壤低可蚀性因子；f_o 表示高有机碳含量土壤可蚀性减少因子；f_h 表示极高含沙量土壤可蚀性减少因子。这些因子的计算方法可由 Williams 而知。

植物冠层通过截留雨滴来影响土壤侵蚀，能够有效降低雨滴下降速度，减少土壤飞溅，高覆盖度的植被可减少泥沙的产量。对于其他土壤表面覆盖，如建筑物，可能具有更强的截留能力，甚至阻挡降水下渗，降低径流量及其搬运能力。植被覆盖随植被生长而变化，故在 SWAT 模型中土壤覆盖与管理措施因子 C 是逐日更新的，如下式：

$$C = \exp\{[\ln 0.8 - \ln(C_{min})] \times \exp(-0.00115 R_{surf}) + \ln(C_{min})\} \tag{3-21}$$

$$C_{min} = 1.463\ln(C_a) + 0.1034 \tag{3-22}$$

式中：C_{min} 表示土壤覆盖下土壤覆盖与管理措施因子的最小值；R_{surf} 表示土壤表面的残留物量（kg/hm^2）；C_a 表示土壤覆盖与管理措施因子的年平均值。

地形因子 TR 随坡度的变化而变化，计算公式如下：

$$TR = \left(\frac{L_h}{22.1}\right)^{\gamma} \times (65.41\sin^2\alpha_h + 4.56\sin\alpha_h + 0.065) \tag{3-23}$$

$$\gamma = 0.6[1 - \exp(-35.835 \times \tan\alpha_h)] \tag{3-24}$$

式中：L_h 表示坡长；γ 表示指数；α_h 表示坡角。

粗糙度因子 CFRG 计算公式如下：

$$CFRG = \exp(-0.053 \times ROCK) \tag{3-25}$$

式中：ROCK 表示第一层土壤中石砾的含量（%）。

水土保持措施因子 P 被定义为特定水土保持措施下与顺坡耕地的土壤流失量比值，可由 Wischmeier 和 Smith 的方法得到。

3.1.1.2　SWAT 模型水文模拟结构

SWAT 模型设计了诸多水文过程，包括地表径流、降水、蒸散发、地下水、土壤水、河道汇流等。模型水文模拟结构如图 3-3 所示。

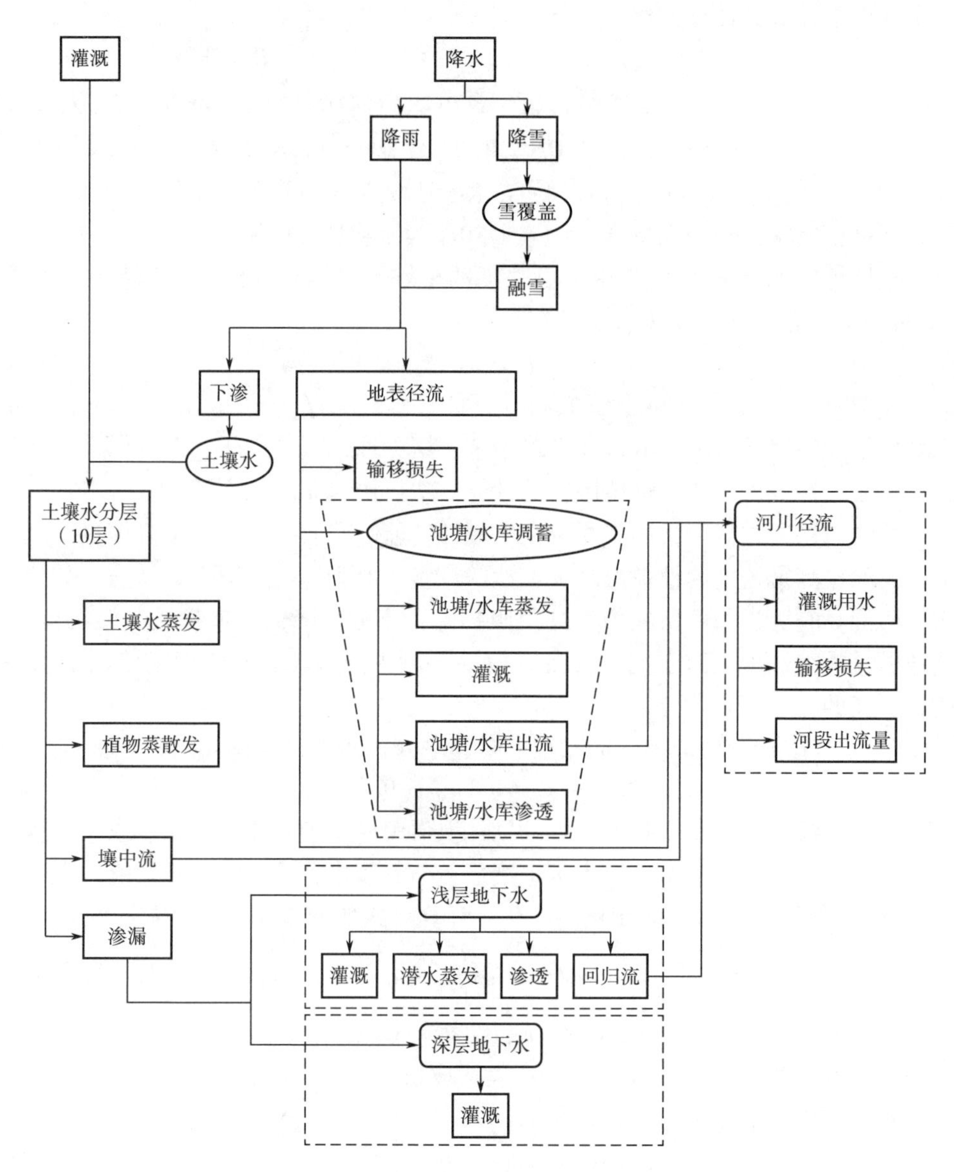

图 3-3　SWAT 模型水文模拟结构示意图

3. 1. 2　数据来源

（1）气象观测数据

本书采用的气象观测数据为德令哈气象站 1996~2019 年的逐日降水、最高温度、最低温度。

（2）气候模式数据

本书采用的 CMIP6 模式数据为北京气候中心 BCC-CSM2-MR 数据的 3 种气候情景未来气候变化数据。其中 SSP1-2.6 为低辐射强迫情景、SSP2-4.5 为中等辐射强迫情景、SSP5-8.5 为高辐射强迫情景。

（3）SWAT 建模数据

土壤数据为联合国粮农组织发布的 HWSD（Harmonized World Soil Database）世界土壤数据集，分辨率为 1 km；土地利用数据为 2020 年中国土地利用遥感数据，分辨率为 1 km，来源于资源环境科学与数据中心；DEM（Digital Elevation Model）数据为 ASTER GDEM，分辨率为 30 m，来源于地理空间数据云。水文数据为德令哈水文站 1996~2019 年的实测径流数据。

3.1.3　CMIP6 模式数据校正

高寒山区流域气象站分布较少，无法代表整个研究区的状况，为解决这一问题，已有一些研究采用经实测数据插值得到的再分析数据作为实测数据，但此类再分析数据在台站稀疏的中国西部、青藏高原区域的准确性较低。因此，本研究气象数据仅采用德令哈站单个站点的实测数据，气候模式数据为根据德令哈站的经纬度，采用双线性插值法提取的 CMIP6 数据。

本研究采用的 BCC-CSM2-MR 数据为 CMIP6 的全球气候模式（General Circulation Model，GCM）模拟所得。GCM 是研究气候变化机制、预测未来气候变化和研究气候变化影响的有效工具。但由于 GCM 数据对区域地形和气候过程表征有限，GCM 数据与实测数据相比，通常存在降水频率过大、强度过低、对极端事件和降水季节差异的错误模拟等偏差。因此，在 GCM 数据用于未来气候和水文研究前，需要对其进行偏差校正。

局部缩放方法通过以下 3 个步骤完成降水数据校正，不仅调整降水时间序列的均值，也调整降水频率和降水强度。

首先，确定 GCM 降水数据的阈值（P_{th}），使 GCM 历史模拟数据超过该降水阈值的天数与观测数据降水发生的天数一致。将该降水阈值应用于 GCM 历史模拟数据和未来预测数据，把小于阈值的降水重新定义为 0 降水量：

$$P_{\text{hist, d}}=\begin{cases}0 & P_{\text{hist, d}}<P_{\text{th}}\\ P_{\text{hist, d}} & \text{其他}\end{cases} \tag{3-26}$$

$$P_{\text{fut, d}}=\begin{cases}0 & P_{\text{fut, d}}<P_{\text{th}}\\ P_{\text{fut, d}} & \text{其他}\end{cases} \tag{3-27}$$

其次，基于观测数据和历史模拟数据的平均降水强度计算线性缩放因子。此处仅考虑降水日，即降水量大于 0 的观测数据和降水量大于阈值的模拟数据：

$$s = \frac{\mu_m(P_{\text{obs, d}} \mid P_{\text{obs, d}} > 0\text{mm})}{\mu_m(P_{\text{hist, d}} \mid P_{\text{hist, d}} > P_{\text{th}}) - P_{\text{th}}} \tag{3-28}$$

最后，求得校正后的 GCM 降水数据。计算公式如下：

$$P_{\text{hist, d}}^{\text{final}} = \max[(P_{\text{hist, d}} - P_{\text{th}}) \cdot s), 0] \tag{3-29}$$

$$P_{\text{fut, d}}^{\text{final}} = \max[(P_{\text{fut, d}} - P_{\text{th}}) \cdot s, 0] \tag{3-30}$$

式中：P_{th} 为 GCM 降水数据的阈值，用以调整降水发生频率；s 为线性缩放因子，用于调整降水发生的强度；$P_{\text{hist, d}}$ 和 $P_{\text{fut, d}}$ 分别为历史时期和未来时期 GCM 模拟的日降水量，$P_{\text{hist, d}}^{\text{final}}$ 和 $P_{\text{fut, d}}^{\text{final}}$ 分别为 GCM 历史时期和未来时期校正后的日降水量。

方差缩放方法通过以下 4 个步骤完成温度数据均值和方差的校正。

首先，采用线性缩放方法校正 GCM 温度数据的均值：

$$T_{\text{hist, d}}^{*1} = T_{\text{hist, d}} + [\mu_{\text{m}}(T_{\text{obs, d}}) - \mu_{\text{m}}(T_{\text{hist, d}})] \tag{3-31}$$

$$T_{\text{fut, d}}^{*1} = T_{\text{fut, d}} + [\mu_{\text{m}}(T_{\text{obs, d}}) - \mu_{\text{m}}(T_{\text{hist, d}})] \tag{3-32}$$

其次，对均值校正后的 GCM 数据（$T_{\text{hist, d}}^{*1}$ 和 $T_{\text{fut, d}}^{*1}$）按月进行转化，得到均值为 0 的数据：

$$T_{\text{hist, d}}^{*2} = T_{\text{hist, d}}^{*1} - \mu_{\text{m}}(T_{\text{hist, d}}^{*1}) \tag{3-33}$$

$$T_{\text{fut, d}}^{*2} = T_{\text{fut, d}}^{*1} - \mu_{\text{m}}(T_{\text{fut, d}}^{*1}) \tag{3-34}$$

再次，基于观测数据与历史模拟数据（$T_{\text{obs, d}}$ 和 $T_{\text{fut, d}}^{*2}$）的标准差之比，对转化后的数据（$T_{\text{hist, d}}^{*2}$ 和 $T_{\text{fut, d}}^{*2}$）进行缩放：

$$T_{\text{hist, d}}^{*3} = T_{\text{hist, d}}^{*2} \cdot \left[\frac{\sigma_{\text{m}}(T_{\text{obs, d}})}{\sigma_{\text{m}}(T_{\text{hist, d}}^{*2})}\right] \tag{3-35}$$

$$T_{\text{fut, d}}^{*3} = T_{\text{fut, d}}^{*2} \cdot \left[\frac{\sigma_{\text{m}}(T_{\text{obs, d}})}{\sigma_{\text{m}}(T_{\text{hist, d}}^{*2})}\right] \tag{3-36}$$

最后，用均值校正后的数据（$T_{\text{hist, d}}^{*1}$ 和 $T_{\text{fut, d}}^{*1}$）对标准差校正后的数据（$T_{\text{hist, d}}^{*3}$ 和 $T_{\text{fut, d}}^{*3}$）进行转化：

$$T_{\text{hist, d}}^{\text{final}} = T_{\text{hist, d}}^{*3} + \mu_{\text{m}}(T_{\text{hist, d}}^{*1}) \tag{3-37}$$

$$T_{\text{fut, d}}^{\text{final}} = T_{\text{fut, d}}^{*3} + \mu_{\text{m}}(T_{\text{fut, d}}^{*1}) \tag{3-38}$$

式中：$T_{\text{obs, d}}$、$T_{\text{hist, d}}$ 和 $T_{\text{fut, d}}$ 分别为历史观测数据、历史模拟数据和未来模拟数据；$T_{\text{hist, d}}^{\text{final}}$ 和 $T_{\text{fut, d}}^{\text{final}}$ 分别为校正后的历史模拟数据和未来模拟数据；μ_{m} 代表均值，σ_{m} 代表标准差；$*$ 代表中间步骤。

3.1.4 巴音河上游出山径流模拟及预测

3.1.4.1 SWAT 模型模拟效果评价

为降低初始条件对模型模拟结果的影响，本研究把 1996~1997 年设置为模型预热期，1998~2010 年为模型率定期，2011~2019 年为模型验证期。本研究根据巴音河流域的特点，选取与径流相关的 27 个参数，采用 SUFI-2 方法进行参数敏感性分析、率定和验证。前 10 个敏感性参数如表 3-1 所示，其中 t 值绝对值越大参数越敏感，P 值越接近 0 其敏感性越显著。SWAT 模型率定期和验证期的纳什系数（NSE）、均方根误差与标准误差比率（RSR）和误差百分比（PBIAS）如图 3-4 所示，率定期（NSE＝ 0.63，RSR＝0.61，PBIAS＝10.27%）和验证期（NSE＝ 0.81，RSR＝0.43，PBIAS＝11.17%）的各评价指标均满足要求，且验证期比率定期模拟效果好，说明 SWAT 模型在巴音河流域的适用性良好。

表 3-1　巴音河流域 SWAT 模型参数表

编号	参数	意义	变换方式	t 值	P 值
1	CN2	CSC 径流曲线数	r	-32.91	0.00
2	ALPHA_BF	基流衰减系数 α	v	-11.22	0.00
3	CH_K2	主河道曼宁系数	v	3.78	0.00
4	SOL_BD	土壤湿容重	r	-3.29	0.00
5	OV_N	曼宁坡面粗糙系数	r	-2.37	0.02
6	SURLAG	地表径流滞后时间	v	-2.17	0.03
7	SOL_K	饱和水力传导系数	r	-2.09	0.04
8	TLAPS	温度递减率	r	-1.84	0.07
9	REVAPMN	深层地下水再蒸发系数	v	1.58	0.11
10	SNO50COV	50%雪覆盖时雪水当量	v	1.54	0.12

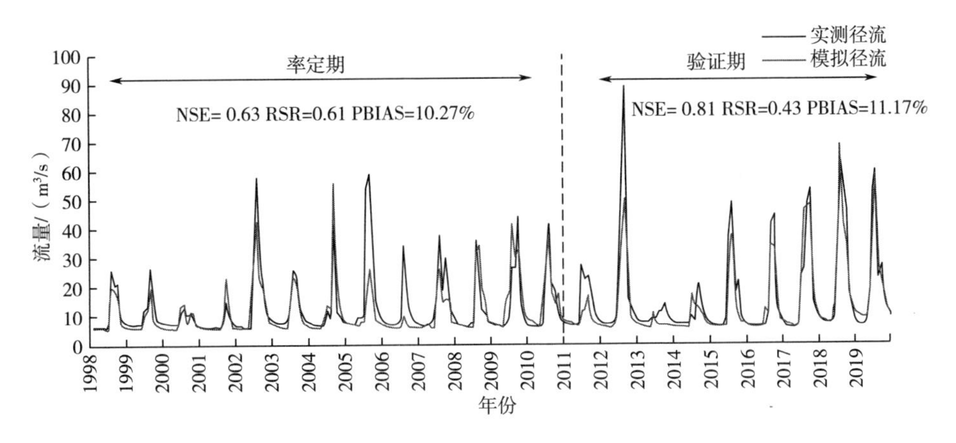

图 3-4　巴音河流域 SWAT 模型模拟效果评价

3.1.4.2 月降水、温度和径流量未来变化趋势

本研究分析降水、最高温度、最低温度和径流量在历史时期（2000~2014年）与3种情景下未来时期（2015~2100年）的变化趋势，将未来时期划分为近未来（2015~2057年）和远未来（2058~2100年）两个阶段。

各情景下，月降水量［图3-5（a）］在未来时期总体上高于历史时期。分析不同月的降水量，历史时期降水从4月逐渐增加，至7月达到峰值后开始下降，10月至次年4月维持在极少量，而未来时期的降水量变化趋势与历史时期相似。除少数月外，降水量在SSP5-8.5情景下增加幅度均最大。SSP1-2.6和SSP2-4.5两个情景下降水增幅高度相似。在3种不同情景下，除个别月外，月降水在近未来和远未来都表现为增长趋势，远未来的增幅大于近未来的增幅。在3种情景下，降水量在7月增加幅度均最大，近未来的增幅分别为12.57 mm、8.16 mm、16.25 mm，远未来的增幅分别为17.83 mm、15 mm、13.93 mm，这可能与柴达木盆地降水量年内分配极不均衡，呈现为以7月为峰值的单峰有关。

月平均最高温度［图3-5（b）］与月平均最低温度［图3-5（c）］相似，1月最低，7月或8月最高。在不同阶段，均表现为SSP5-8.5>SSP2-4.5>SSP1-2.6。在不同情景下，基本都表现为远未来>近未来>历史时期，且相比降水量，温度在各月增幅相对一致。在未来3种情景和2个阶段下，最高温度的最大增幅出现在远未来的7、8月，如在SSP1-2.6情景下，远未来7月增幅为1.93℃；在SSP2-4.5情景下，远未来7月增幅为3.49℃；在SSP5-8.5情景下，远未来8月增幅为5.17℃。而最低温度的最大增幅出现在远未来不同月，如在SSP1-2.6情景下，远未来4月增幅为2.38℃；在SSP2-4.5情景下，远未来11月增幅为3.24℃；在SSP5-8.5情景下，远未来8月增幅为5.39℃。

月平均径流量［图3-5（d）］在1~4月最低，从5月开始增加，在7、8月达到峰值后开始逐渐降至最低。月平均径流量在未来3种情景下都高于历史时期，基本都表现为远未来>近未来>历史时期，且均表现为丰水期增幅大于枯水期增幅。在枯水期，月平均径流量在SSP5-8.5情景下增幅最大，而在丰水期，在近未来SSP5-8.5情景下增幅最大，在远未来SSP1-2.6增幅最大。对比不同月的径流量，径流量在6~9月的增幅大于其他月，如在SSP1-2.6情景下，远未来7月增幅为14.45 m^3/s；在SSP2-4.5情景下，远未来8月增幅为9.99 m^3/s；在SSP5-8.5情景下，远未来8月增幅为11.42 m^3/s。相比于月平均降水量，月平均径流量的峰值滞后1个月，这是由于径流对降水的响应存在滞后性。

对比多年月平均降水量、温度和径流量在历史时期与3种情景下未来时期的

变化趋势（图3-5），发现各情景下未来降水、温度与径流量变化均较显著。通过不同情景之间的比较可发现，在SSP5-8.5情景下，月平均降水量、月平均最高温度、月平均最低温度、月平均径流量的增幅均最大。月平均最高温度和月平均最低温度在SSP1-2.6情景下增幅最小。月平均降水量和月平均径流量在SSP1-2.6和SSP2-4.5情景下区别不明显。对比未来的不同阶段，发现未来月平均降水量、月平均最高温度、月平均最低温度和月平均径流量基本都表现为远未来>近未来>历史时期。

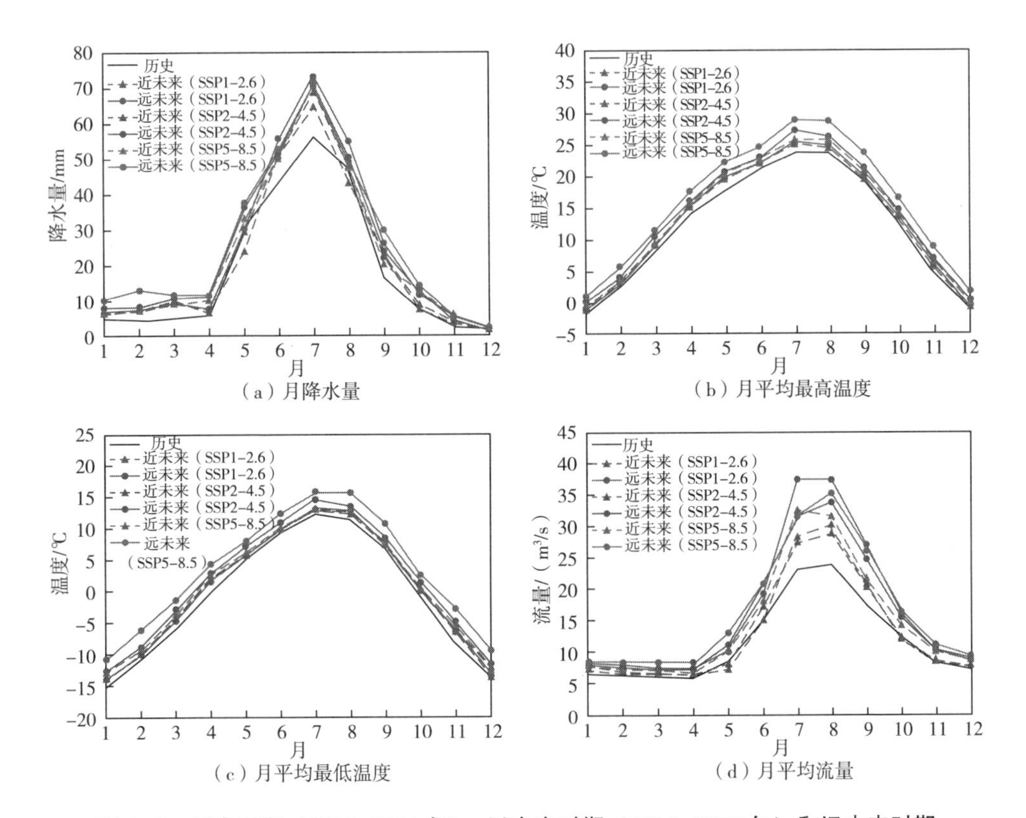

图3-5　历史时期（2000~2014年）、近未来时期（2015~2057年）和远未来时期（2058~2100年）降水、温度、径流量多年月平均变化趋势

3.1.4.3　季节降水、温度和径流量未来变化趋势

分析降水量在历史时期和未来时期3种情景下的季节变化（表3-2），发现在历史时期不同季节的降水量为夏季（6~8月）>春季（3~5月）>秋季（9~11月）>冬季（12~次年2月），夏季降水量占全年降水量的65%。在未来时期，降水量除在近未来春季SSP1-2.6情景下减少外，在其他时期和情景下均增加。冬

季 SSP1-2.6 情景下，远未来降水量增幅小于近未来年，除此之外，在其他季节和情景下，均表现为远未来降水量增幅大于近未来年。3 种不同情景下，春季和秋季 SSP5-8.5 情景下降水量增幅最大，夏季和冬季各情景之间规律不明显。

分析最高温度和最低温度在历史时期和未来时期 3 种情景下的季节变化（表 3-2），在未来时期均呈现增加趋势，远未来增幅大于近未来，且各情景增幅 SSP5-8.5>SSP2-4.5>SSP1-2.6。不同于降水量的增幅存在季节性差异，温度在各个季节的增幅较均衡。

分析径流量在历史时期和未来时期 3 种情景下的季节变化（表 3-2），发现历史时期不同季节的径流量为夏季>秋季>春季>冬季，夏季径流量占全年径流量的 44%。在未来时期，不同季节和情景下，远未来径流量均大于近未来。3 种不同情景下，春季、秋季和冬季 SSP5-8.5 情景增幅最大，夏季各情景之间规律不明显。在未来不同时段和情景下，夏、秋两季径流增加范围为 1.07~10.64 m^3/s，平均增幅为 29%。春、冬两季径流增加范围为-0.12~3.1 m^3/s，平均增幅为 18%。

表 3-2　季节降水量、最高温度、最低温度、径流量在不同情景、不同时段的变化量

变量	季节	历史（2000~2014 年）	未来变化量		
			情景	2015~2057 年	2058~2100 年
降水量/mm	春季	41.91	SSP1-2.6	-2.36	4.06
			SSP2-4.5	3.47	16.03
			SSP5-8.5	9.78	18.37
	夏季	146.71	SSP1-2.6	21.62	37.93
			SSP2-4.5	12.44	25.97
			SSP5-8.5	22.32	25.67
	秋季	25.92	SSP1-2.6	7.19	16.96
			SSP2-4.5	9.61	14.53
			SSP5-8.5	11.96	22.91
	冬季	10.31	SSP1-2.6	5.16	4.88
			SSP2-4.5	4.02	7.59
			SSP5-8.5	4.55	15.02

续表

变量	季节	历史（2000~2014 年）	未来变化量		
			情景	2015~2057 年	2058~2100 年
最高温度/℃	春季	13. 38	SSP1-2. 6	1. 18	1. 55
			SSP2-4. 5	1. 52	2. 38
			SSP5-8. 5	1. 84	3. 7
	夏季	22. 94	SSP1-2. 6	0. 96	1. 35
			SSP2-4. 5	1. 62	2. 67
			SSP5-8. 5	1. 9	4. 61
	秋季	12. 04	SSP1-2. 6	0. 74	0. 97
			SSP2-4. 5	1. 32	2. 3
			SSP5-8. 5	1. 74	4. 36
	冬季	-0. 05	SSP1-2. 6	0. 25	0. 55
			SSP2-4. 5	0. 71	1. 52
			SSP5-8. 5	0. 9	2. 84
最低温度/℃	春季	-0. 29	SSP1-2. 6	1. 12	1. 51
			SSP2-4. 5	1. 51	2. 68
			SSP5-8. 5	1. 98	3. 99
	夏季	11. 1	SSP1-2. 6	0. 59	0. 9
			SSP2-4. 5	0. 84	1. 96
			SSP5-8. 5	0. 86	3. 57
	秋季	-0. 8	SSP1-2. 6	0. 89	1. 09
			SSP2-4. 5	1. 39	2. 26
			SSP5-8. 5	1. 49	4. 3
	冬季	-13. 12	SSP1-2. 6	0. 35	0. 8
			SSP2-4. 5	0. 94	1. 92
			SSP5-8. 5	1. 61	4. 25

续表

变量	季节	历史（2000~2014 年）	未来变化量		
			情景	2015~2057 年	2058~2100 年
径流量/（m^3/s）	春季	6.76	SSP1-2.6	-0.12	1.49
			SSP2-4.5	0.26	1.77
			SSP5-8.5	1.17	3.1
	夏季	20.87	SSP1-2.6	3.61	10.64
			SSP2-4.5	3.56	7.93
			SSP5-8.5	6.58	8.4
	秋季	12.65	SSP1-2.6	1.1	5.21
			SSP2-4.5	1.07	4.18
			SSP5-8.5	2.72	5.24
	冬季	6.74	SSP1-2.6	0.44	1.68
			SSP2-4.5	0.43	1.36
			SSP5-8.5	1.18	1.93

3.1.4.4 年降水、温度和径流量未来变化趋势

从年降水量、年最高温度、年最低温度和年径流量在历史时期与 3 种情景下未来时期的变化趋势（表 3-3 和图 3-6）发现，年降水量、年最高温度、年最低温度和年径流量均表现为远未来>近未来>历史时期。

年降水量（表 3-3 和图 3-6）在不同气候情景下并没有显著的区别，在 SSP1-2.6 和 SSP2-4.5 两个情景下增加程度一致，而在 SSP5-8.5 情景下增幅相对较大。年降水量在近未来 SSP2-4.5 情景下增幅为 29.55 mm，增幅最小；在远未来 SSP5-8.5 情景下增幅为 91.97 mm，增幅最大。年最高温度（表 3-3 和图 3-6）和年最低温度（表 3-3 和图 3-6）在未来不同情景下有显著区别，各情景增幅 SSP5-8.5>SSP2-4.5>SSP1-2.6。其中，最高温度和最低温度在近未来 SSP1-2.6 情景下将增加 1℃，远未来 SSP5-8.5 情景下增幅将增加 4℃。这表明未来极端温度事件发生的概率会增加。

年径流量（表 3-3 和图 3-6）在不同情景下的差异与年降水量类似，在 SSP1-2.6 和 SSP2-4.5 两个情景下增加程度一致，而在 SSP5-8.5 情景下增幅相对较大。年径流量在近未来 SSP1-2.6 情景下增幅为 1.26 m^3/s，增幅最小；在远未来 SSP5-8.5 情景下增幅为 4.67 m^3/s，增幅最大。

表 3-3　年降水量、最高温度、最低温度、径流量在不同情景、不同时段的变化量

变量	历史 2000~2014 年	未来变化量		
		情景	2015~2057 年	2058~2100 年
降水量/mm	224. 85	SSP1-2. 6	31. 60	63. 83
		SSP2-4. 5	29. 55	64. 11
		SSP5-8. 5	48. 62	81. 97
最高温度/℃	12. 09	SSP1-2. 6	0. 78	1. 10
		SSP2-4. 5	1. 29	2. 21
		SSP5-8. 5	1. 59	3. 87
最低温度/℃	-0. 76	SSP1-2. 6	0. 74	1. 08
		SSP2-4. 5	1. 17	2. 20
		SSP5-8. 5	1. 49	4. 03
径流量/（m^3/s）	11. 75	SSP1-2. 6	1. 26	4. 76
		SSP2-4. 5	1. 34	3. 81
		SSP5-8. 5	2. 92	4. 67

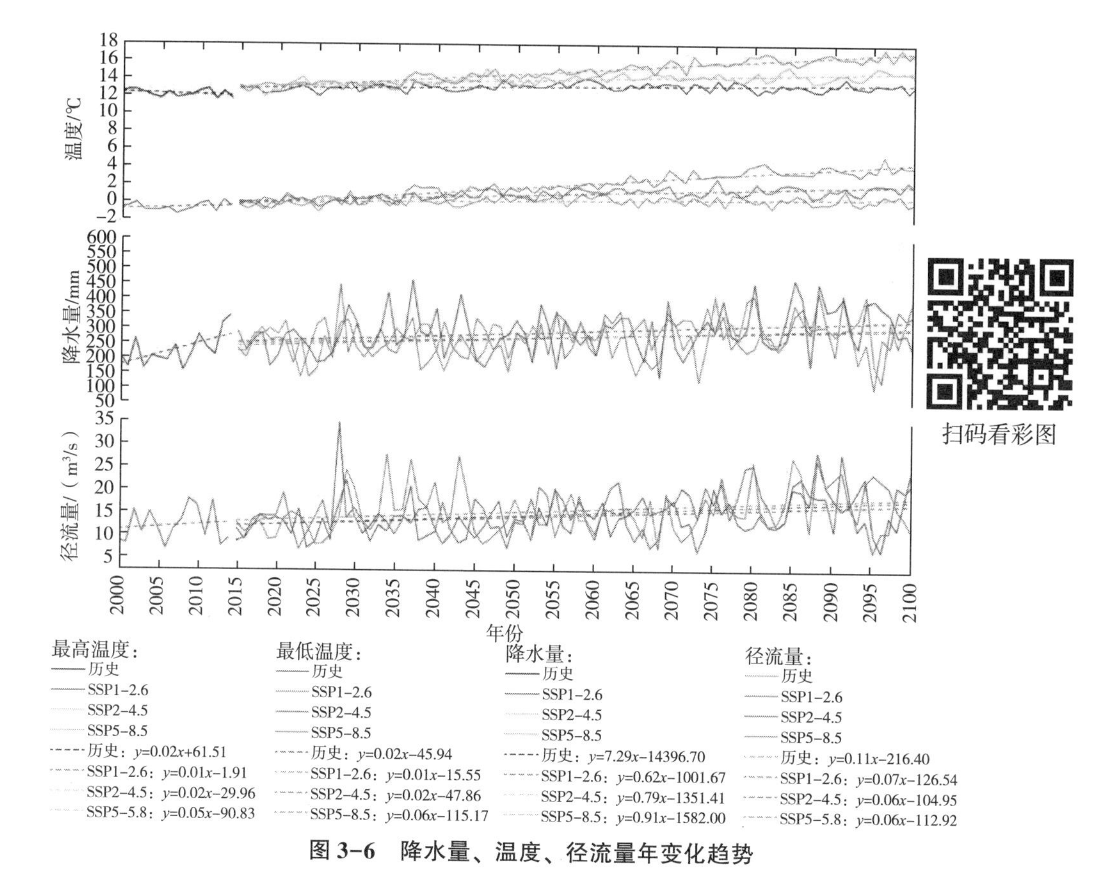

图 3-6　降水量、温度、径流量年变化趋势

3.1.4.5　水量平衡未来变化趋势

分析地表径流在历史时期和未来时期 3 种情景下的变化趋势［图 3-7（a）］，不同情景间对比发现 SSP5-8.5>SSP2-4.5>SSP1-2.6。相较于历史时期，未来两个阶段的地表径流均增加，在远未来的增幅小于近未来。这表明，未来巴音河流域由于受降水量增加的影响，短时间内地表径流会相应增加，但从长久来看，温度的增加会导致土壤渗透和蒸散发加剧，土壤含水量减少，从而导致地表径流减少。本研究计算的地表径流极少，这是由于高寒山区冬春季节降水事件极其稀少，气温过低，大多数地表水冻结或干涸，夏季总产水量中地表径流占比也较少，且本节的计算结果是年平均导致的。

分析侧向流、地下径流和总产水量在历史时期和未来时期 3 种情景下的变化趋势［图 3-7（b）~图 3-7（d）］，相较于历史时期，未来两个阶段的侧向流、地下径流和总产水量均增加，且在远未来增幅大于近未来。不同情景间对比发现，在近未来，侧向流、地下径流和总产水量表现为 SSP5-8.5>SSP2-4.5>SSP1-2.6，在 SSP5-8.5 情景下，侧向流、地下径流和总产水量增加最多，分别增加 22%、56%和 24%。在远未来，侧流量在 SSP5-8.5 情景下增加最多，增加幅度为 36%，地下径流和总产水量在 SSP1-2.6 情景下增加最多，增加幅度分别为 127%和 40%。

在各时期和各情景下，地表径流占总产水量的比例极小，侧向流占总产水量的 90%，总产水量即为河道径流量，说明巴音河上游祁连山区河道径流量是由侧向流主导的，这符合高寒内陆河流域的水文特征。再次表明 SWAT 模型的模拟结果可信，模型率定过程中各参数选择和取值范围合理。

分析蒸散发在历史时期和未来时期 3 种情景下的变化趋势［图 3-7（e）］，相较于历史时期，未来两个阶段的蒸散发均增加，且远未来增幅大于近未来。不同情景间对比发现，蒸散发在近未来表现为 SSP5-8.5>SSP1-2.6>SSP2-4.5，在远未来表现为 SSP5-8.5>SSP2-4.5>SSP1-2.6。在近未来，蒸散发在 SSP2-4.5 情景下增幅为 13%。在远未来，蒸散发在 SSP1-2.6 情景下增幅为 24%。在近未来和远未来，蒸散发在 SSP5-8.5 情景下增加量均为最多，分别为 21%和 35%。

分析融雪在历史时期和未来时期 3 种情景下的变化趋势［图 3-7（f）］，相较于历史时期，未来两个阶段的融雪量均增加，基本表现为远未来增幅大于近未来。不同情景间对比发现，融雪在近未来和远未来均表现为 SSP2-4.5>SSP5-8.5>SSP1-2.6。在 SSP1-2.6 情景下融雪增加最少，在近未来和远未来的增幅分别为 32%和 31%。在 SSP2-4.5 情景下融雪增加最多，在近未来和远未来的增幅分别为 39%和 54%。不同情景、不同时段季节融雪量占年融雪量的比例如表 3-4 所示，融雪主要发生在冬季，冬季融雪占全年融雪的 63%~89%。

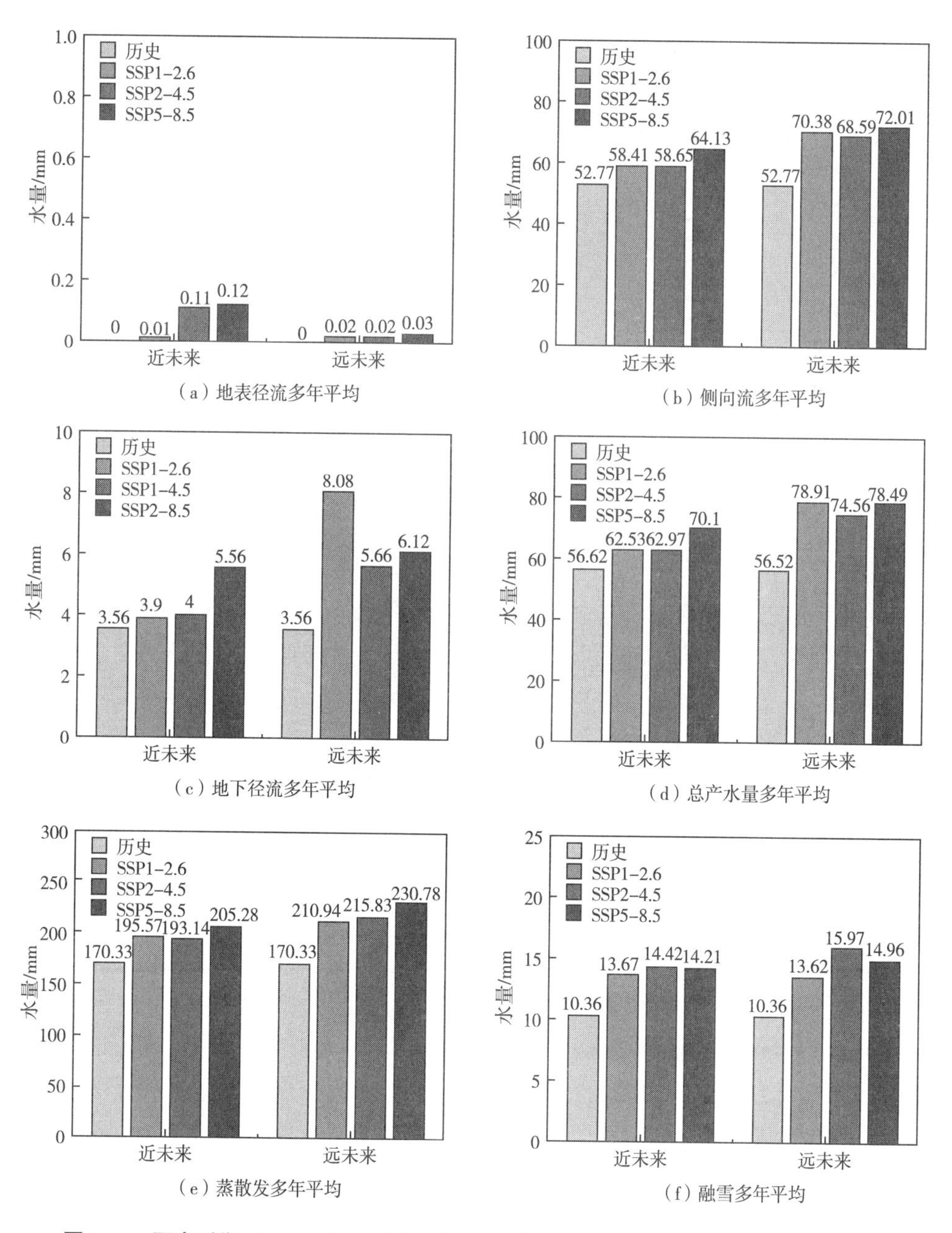

图 3-7　历史时期（2000~2014 年）、近未来时期（2015~2057 年）和远未来时期（2058~2100 年）地表径流、侧向流、地下径流、总产水量、蒸散发、融雪多年平均数据

表 3-4 不同情景、不同时段季节融雪量占年融雪量的比例

季节	历史（2000~2014 年）	未来变化量		
		情景	2015~2057 年	2058~2100 年
春季	17%	SSP1-2. 6	6%	5%
		SSP2-4. 5	8%	5%
		SSP5-8. 5	4%	6%
夏季	0	SSP1-2. 6	0	0
		SSP2-4. 5	0	0
		SSP5-8. 5	0	0
秋季	13%	SSP1-2. 6	13%	16%
		SSP2-4. 5	27%	15%
		SSP5-8. 5	33%	5%
冬季	69%	SSP1-2. 6	81%	79%
		SSP2-4. 5	65%	80%
		SSP5-8. 5	63%	89%

综上所述，巴音河流域未来整体呈现为暖湿趋势，降水量、温度、径流量在整体上均呈现增加趋势，且从各时间段来看，各要素均在 21 世纪末期增幅最大，降水量和径流量增幅较小，温度增幅较大。Yang 等对玛纳斯河流域 20 世纪 60 年代到 21 世纪 20 年代的径流量显著增加现象进行归因分析，发现温度通过对冰川和积雪融化的影响，主导玛纳斯流域径流量的变化。可以推测，在 2015~2100 年，虽然巴音河流域未来径流量变化主要受降水量变化的影响，但伴随着温度增加，冰川和积雪融化，在更远的未来，温度可能成为径流量变化的主导因素。

3.2 SWAT 模型的改进

3.2.1 SWAT 模型植物生长模块的改进

SWAT 模型虽在世界范围内被广泛应用，但该模型的植物生长模块存在局限性。SWAT 模型计算 LAI 时仅考虑了温度变化，且统一由理想叶面积估算模型来控制。该模型模拟的 LAI 在空间上是均匀的，难以描述植被的不同覆盖度、不同类型、不同种植方式。

为改善 SWAT 模型植物生长模块的不足，本研究与基于遥感的高时空分辨率 LAI 相结合，进而取代 SWAT 模型估算的原始 LAI，提高模型在不同覆盖度草地

生态系统中的适用性。

SWAT 模型用于构建 HRU 的输入数据（包括 DEM、土地覆盖、土壤类型）的空间分辨率为 30 m，且模型的时间步长为 1 day。而 GLASS LAI 的时空分辨率为 8 d/500 m。因此，为适应 SWAT 模型，需要对 GLASS LAI 进行降尺度处理，获取高时空分辨率 LAI（1day/30 m），3. 4. 1 节详细介绍了降尺度的处理过程。

HRU 作为 SWAT 模型模拟水流、营养物质和植被生长等物理过程的基本计算单元。为将高时空分辨率 LAI 应用到 SWAT 模型中，需要修改与生产 LAI 相关的生长子程序（grow. f）中的源代码，将高时空分辨率的 LAI 引入到相应的 HRU 中。然而，由于高时空分辨率 LAI 的格式为栅格，难以契合 SWAT 模型。因此，首先需将栅格格式转化为矢量点，从而得到每个像元的 LAI 值。再将这些代表每个像元 LAI 值的矢量点与 HRU 相叠加，利用 ArcGIS 的 Intersect 工具，统计每个 HRU 范围内包含的所有像元的 LAI 值，然后计算每一日每个 HRU 的 LAI 平均值。最后，将这些日 LAI 平均值作为修正后 grow. f 的输入。

图 3-8 为 SWAT 植物生长模块源代码修改流程图。如图 3-8 所示，当将基于遥感的高时空分辨率 LAI 纳入 SWAT 植被生长模块时，LAI 的原始估算模块（实

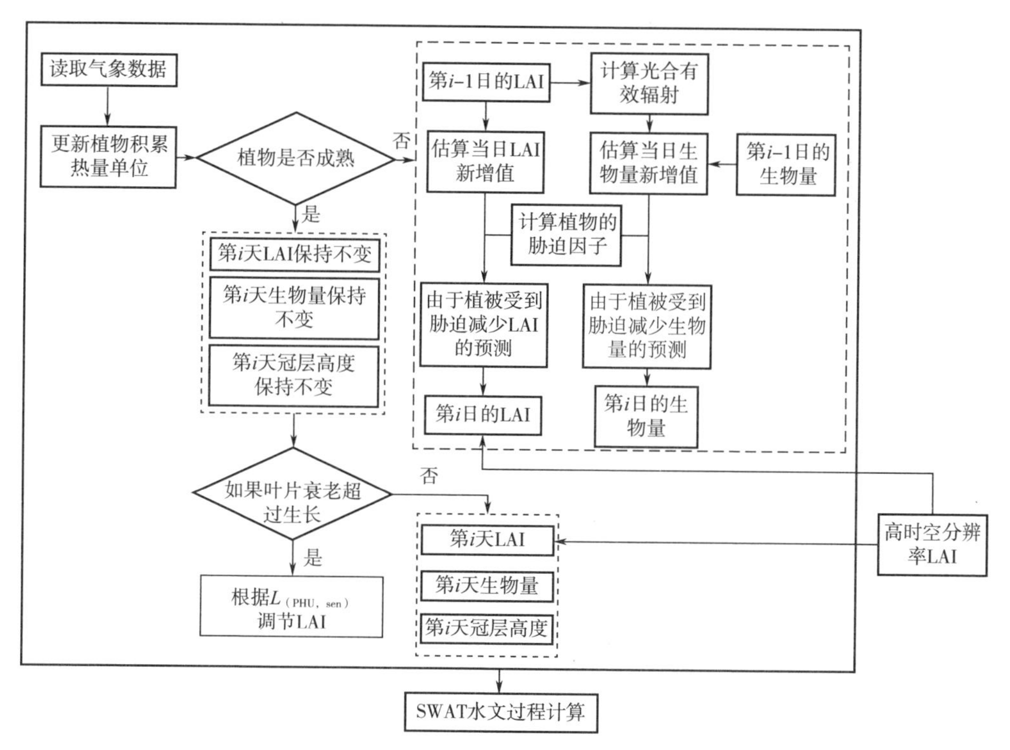

图 3-8　基于遥感 LAI 集合到 SWAT 植物生长模块源代码修改流程图

线）计算得到的 LAI 将被闲置，由上面计算的每一日每个 HRU 的 LAI 平均值所取代。最后，植被生长模块与高时空分辨率的 LAI 相结合后，将会生成新的生物量以及水文过程和沉积物相关参数，基于此校正与验证模型。

3.2.2 SWAT 建模数据

3.2.2.1 气象数据

降水和温度等气象要素是水文模拟的必要输入条件。SWAT 模型所需的气象数据包括逐日的最高气温、最低气温、太阳辐射、相对湿度、降水量和风速，这些气象数据均来自德令哈气象站点（经度：97°33′40″，纬度：37°21′36″，高程：3098 m）。在 SWAT 建模所需的诸多气象要素中，降水是影响水文过程模拟精度的最重要因子。基于此，本研究拟选取 CMORPHv1.0（Climate Prediction Center Morphing Technique）、CHIRPS v2.0（Climate Hazards Group Infrared Precipitation with Stations data）、MSWEP v2（Multi-Source Weighted-Ensemble Precipitation）等多种基于遥感的高时空分辨率降水数据，基于其建立 SWAT 模型并分析和对比实测降水数据与各种遥感降水数据对应的径流模拟效果。最终选取更适用于流域水文过程模拟的降水数据。

CMORPH 提供了 8 km 空间分辨率的 30 min 以及 0.25°空间分辨率的 3 h 数据和日降水数据，时间序列为 1998 年至今，空间覆盖范围为 60°N～60°S。CMORPH 降水的估计是基于低地球轨道（LEO）卫星衍生的被动微波（PWM），CMORPH 利用地球同步卫星红外（IR）图像（GOES 8、GOES 10、Meteosat 8、Meteosat 5 和 GMS 5 卫星）的高时间分辨率创建云系统的运动矢量，将运动矢量应用于可用的基于 PWM 的检索，以产生整个全球的连续降水估计，最后进行偏差校正，旨在更好地表征全球范围内降水的时空分布格局。本研究使用了空间分辨率为 0.25°的 CMORPH v1.0 产品，时间分辨率为日，时间序列为 2014～2018 年，覆盖范围为 37.25～38.14°N，96.80～98.11°E。CMORPH 的月数据根据日数据计算得到。

CHIRPS v2.0 提供了 1981 年至今的 50°N～50°S 空间范围内的日、月降水数据，空间分辨率为 0.05°和 0.25°。首先需利用 TRMM 3B42 v7 对热红外数据的冷云持续时间（CCD）信息数据进行校准，进而转换得到长期平均降水估计的分数，再将其乘以基于月度降水气候学（CHPclim）数据进一步得到 CHIRP 产品，然后通过改进的逆距离加权算法将 CHIRP 产品与多源雨量计站数据融合生成 5 日的 CHIRPS 产品，最后使用每日 CCD 数据和每日 NOAA 气候预报系统（CFS）版本 2 的大气模式降雨场数据，利用简单再分配方法将 5 日 CHIRPS 产品提高为日时间分辨率。本研究使用了 2014～2018 年 0.05°空间分辨率的 CHIRPS v2.0 日、月降水数据，覆盖范围为 37.25～38.14°N，96.80～98.11°E。

MSWEP v2（Multi-Source Weighted-Ensemble Precipitation）是由 Hylke Beck 开发的一种新的全球数据集，其分别提供了 3 h、日、月全球范围内的降水数据，空间分辨率为 0.1°，时间序列为 1979 年至今。MSWEP 集成了基于观测降水数据（CPC Unified 和 GPCC）、卫星降水产品（CMORPH、GSMaP－MVK 和 TMPA 3B42RT）、再分析降水产品（ERA－Interim 和 JRA－55）的优势，可获取全球范围内最佳降水数据。MSWEP v2 较 MSWEP v1 空间分辨率从 0.25°提高到了 0.1°，MSWEP v2 更新了累加分布函数来校正产品。本研究使用了 2014～2018 年 0.1°空间分辨率的 MSWEP v2 日、月降水数据，覆盖范围为 37.25～38.14°N，96.80～98.11°E。

由于研究区地形起伏大，受地形影响，降水和气温可能随海拔和地理位置变化而出现较大差异。然而实测降水数据仅来源于德令哈气象站，该气象站位于研究区较低海拔的南部，可能无法准确获取海拔较高的北部的气象数据，从而为模型带来较大不确定性。为考虑到地形对气候的影响，在模型中利用 TLAPS（气温直减率℃/km）和 PLAPS（降水递减率 mm/km）两个参数对实测降水和气温进行了修正。模型中降水量随 PLAPS 而递增，气温随 TLAPS 而递减，其中海拔每升高 100 m，降水量增加 22 mm。

3.2.2.2　土壤数据

不同土壤类型会对土壤水、下渗等水文过程产生不同的影响，如土壤孔隙度越大，水下渗的速率越快。虽然 SWAT 模型自带土壤数据库，但与我国土壤分类体系有较大差异，会降低模型适用性。本研究使用了青海省 1∶100 万土壤类型数据，土壤属性查阅自《青海土壤》（1997），研究区包括石质土、石灰性草甸土、寒冻土、冲积土、暗寒钙土、寒钙土、暗冷钙土等土壤类型。

3.2.2.3　土地利用/土地覆盖数据

不同类型的土地利用/土地覆盖数据会对降水的再分配、截留、下渗等水文过程产生不同影响，如自然土壤的下渗能力较城镇不透水面高；草地和林地会提高水土保持能力。本研究基于 2018 年 Landsat 数据，根据光谱特征，结合野外实测数据，建立了耕地、林地、草地、水域、城镇用地、未利用土地 6 种类型的解译标志，最终获得 30 m 分辨率的土地利用数据。随机对比野外实测数据和土地利用分类结果以评价数据质量，得出分类精度在 90%以上。

耕地、林地、草地、水域、城镇用地、裸地对应的 SWAT 模型代码分别为

AGRL、FRST、PAST、WATR、URBN、BARR，所占比例依次为 0.75%、0.68%、43.83%、0.12%、0.02%、54.60%。由此可知，裸地和草地为研究区主要土地利用类型。

3.2.2.4 子流域及 HRU 划分

利用 30 m×30 m 分辨率 ASTER GDEM 数字高程模型（Digital Elevation Model，DEM）数据提取了坡度、坡向、河网等信息，确定流域边界，最终划分出 29 个子流域。

水文响应单元（HRU）是 SWAT 模型的基本计算单元，是基于子流域进一步生成的，各子流域中至少包含 1 个以上 HRU，每个 HRU 包含相同属性特征的坡度、土地利用类型、土壤类型、水文过程。HRU 考虑了不同土地利用、土壤类型、地形、管理条件下组合形成的复杂下垫面状况，进而提升了模型模拟精度。SWAT 模型中每个 HRU 独立计算径流量、蒸散发等水分循环的各过程及定量计算转化关系，再进行汇总演算，最终得到整个流域水文过程模拟结果。利用土地利用类型、土壤类型、坡度图层，通过设置三者面积阈值，将子流域划分为了 283 个 HRU。

3.2.3 SWAT 模型校准、验证

3.2.3.1 SWAT 模型验证数据

（1）河道径流、泥沙数据

本研究选取德令哈水文站观测得到的 2014~2018 年月河道径流量、月泥沙含量数据验证 SWAT 模型的模拟效果。

（2）SSEBop *ET*

在水文模型校准时，基于站点的径流、泥沙数据可能会概化部分原本具有空间异质性的参数。基于此，本研究选取了基于遥感的 SSEBop（Simplified Surface Energy Balance Operational）蒸散发数据，分别在子流域尺度、HRU 尺度验证 SWAT 模型的模拟效果。SSEBop 是基于简化陆面能量平衡模型，利用气象数据通过 P-M 公式计算了潜在 *ET*，通过 MODIS 数据计算实际 *ET* 与潜在 *ET* 的比例关系，进而获取实际蒸散发量。本研究使用了 SSEBop 逐月 *ET* 数据，时间序列为 2014~2018 年，空间分辨率为 1 km。

3.2.3.2 SWAT 模型评价体系

本研究采用了纳什效率系数（NSE）、决定性系数（R^2）、偏差百分比

（PBIAS）3 个评价指标来验证模型模拟效果。NSE 范围在$-\infty \sim 1$（包括 1）之间，用于评价拟合优度，若为 1 时，表示模拟效果完美，若在 0~1 之间且越趋近于 1，代表一致性越高，若小于 0 则表明模型模拟结果不可信；R^2 可用于描述模拟值与实测值的相关性程度，范围在 0~1 之间，越趋近于 1 表示相关性越强，通常认为大于 0.5 的值是可接受的；PBIAS 用于测量模拟值大于或小于实测值的平均趋势，以百分比表示，0 值为最优值，越趋于 0，表明模拟效果越好，其中 -10%~10%代表模型具有非常好的性能，-20%~20%代表模型具有满意的模拟效果，正值表示模拟值低估了实测值，负值表示高估了实测值。NSE、R^2、PBIAS 计算公式如下：

$$\mathrm{NSE} = 1 - \left[\frac{\sum_{i=1}^{m}(S_i^{\mathrm{ob}} - S_i^{\mathrm{si}})^2}{\sum_{i=1}^{m}(S_i^{\mathrm{ob}} - \bar{S}^{\mathrm{ob}})^2}\right] \tag{3-39}$$

$$R^2 = \frac{\left[\sum_{i=1}^{m}(S_i^{\mathrm{si}} - \bar{S}^{\mathrm{si}})(S_i^{\mathrm{ob}} - \bar{S}^{\mathrm{ob}})\right]^2}{\sum_{i=1}^{m}(S_i^{\mathrm{si}} - \bar{S}^{\mathrm{si}})^2 \sum_{i=1}^{m}(S_i^{\mathrm{ob}} - \bar{S}^{\mathrm{ob}})^2} \tag{3-40}$$

$$\mathrm{PBIAS} = \left[\frac{\sum_{i=1}^{m}(S_i^{\mathrm{ob}} - S_i^{\mathrm{si}}) \times 100}{\sum_{i=1}^{m} S_i^{\mathrm{ob}}}\right] \tag{3-41}$$

式中：m 表示实测总数；S_i^{ob} 表示第 i 个实测值；S_i^{si} 表示第 i 个模拟值；$\bar{S}_{\mathrm{ob}}$ 表示平均实测值；S_{si} 表示平均模拟值。

3.3　ESTARFM 模型及其建立

3.3.1　ESTARFM 模型简介

ESTARFM 模型是由 Zhu 等基于 STARFM 模型改进而来的，较 STARFM 模型，提高了数据融合的预测精度，展示了更好的空间细节。ESTARFM 的主要原理是基于相关性来混合多源数据的同时，最小化系统偏差。该模型的实现需要基于同一日期的两对精细分辨率（空间分辨率高）和粗分辨率（空间分辨率低）的影像，以及预测日期的粗分辨率影像。

根据地表信息空间上的异质性，ESTARFM 模型假设了单一和混合两种地物类型覆盖是粗分辨率像元。

3.3.1.1 单一地物类型覆盖的粗分辨率像元

假设单一的、均匀的、只有一种土地类型覆盖的粗分辨率像元与细分辨率像元之间仅存在系统性偏差，二者关系可用简单的线性模型来描述，如下式：

$$M(x_j, y_j, t_k, A) = B \times C(x_j, y_j, t_k, A) + b \tag{3-42}$$

式中：M 表示细分辨率反射率；C 表示粗分辨率反射率；（x_j，y_j）表示给定的粗、细分辨率像元位置；t_k 表示影像获取时间；A 表示影像波段；B 和 b 表示线性模型系数，由于大气、地形、太阳高度角等因素的影响，预处理时并不能完全消除这些误差，因此系数 B 和 b 可能随着位置的变化而变化。

假设在 t_0 至 t_p 时刻的两对粗、细分辨率影像之间的地物类型和传感器校准未发生变化，则可根据式（3-42），得到式（3-43）和式（3-44）。

$$M(x_j, y_j, t_0, A) = B \times C(x_j, y_j, t_0, A) + b \tag{3-43}$$

$$M(x_j, y_j, t_p, A) = B \times C(x_j, y_j, t_p, A) + b \tag{3-44}$$

合并式（3-43）和式（3-44）得到式（3-45）：

$$M(x_j, y_j, t_p, A) = M(x_j, y_j, t_0, A) + B \times [C(x_j, y_j, t_p, A) - C(x_j, y_j, t_0, A)] \tag{3-45}$$

由式（3-45）可知：在已知 t_0 时刻细分辨率的反射率 M（x_j，y_j，t_0，A）、粗分辨率的反射率 C（x_j，y_j，t_0，A）、t_p 时刻粗分辨率的反射率 C（x_j，y_j，t_p，A）条件下，只需要计算出 B 值，则可求得 t_p 时刻的细分辨率的反射率 M（x_j，y_j，t_p，A）。转换系数 B 取决于传感器之间的系统偏差，通过建立粗、细分辨率像元反射率之间的线性回归计算得到。

3.3.1.2 混合地物类型覆盖的粗分辨率像元

在实际条件下，由于地表景观是复杂且异质的，大多数的粗分辨率像元是混合像元。对于这种复杂的混合像元，式（3-45）不再适用于描述细、粗分辨率之间的关系。假设一个混合像元的反射率可由该像元中各地物类型的反射率占其像元面积的比例，进行加权线性组合得到，则不同日期之间的混合像元反射率变化可表现为像元内不同地物类型的反射率变化的加权和。若在 t_d 到 t_e 时间段内粗分辨率像元中的各地物类型未变化，则粗分辨率的混合像元反射率可由下式得到：

$$C_d = \sum_{j=1}^{D} m_j \left(\frac{1}{B} M_{jd} - \frac{b}{B} \right) + \varepsilon \tag{3-46}$$

$$C_e = \sum_{j=1}^{D} m_j \left(\frac{1}{B} M_{je} - \frac{b}{B} \right) + \varepsilon \tag{3-47}$$

式中：C_d 和 C_e 分别表示 t_d 时和 t_e 时的粗分辨率的反射率；D 表示地物类型的总

个数；M_{jd} 和 M_{je} 分别表示在 t_d 时和 t_e 时的细分辨率在第 j 类地物类型的反射率；m_j 表示第 j 类地物类型的面积比例（第 j 类端元）；ε 表示残差；B 和 b 分别表示 3.3.1.1 中描述的粗、细分辨率反射率之间，建立线性回归模型的系数。

由式（3-46）和式（3-47）可以得到粗分辨率反射率在 t_d 到 t_e 的变化为：

$$C_e - C_d = \sum_{j=1}^{D} \frac{m_j}{B}(M_{je} - M_{jd}) \tag{3-48}$$

若假设 t_d 到 t_e 的各端元反射率呈线性变化，则 t_e 的第 j 类的端元反射率可由在 t_d 时的相对应的反射率得到。如下式：

$$M_{je} = h_j \times \Delta t + M_{jd} \tag{3-49}$$

式中：Δt 表示为 t_e 与 t_d 的差值，即 $t_e - t_d$；h_j 表示第 j 类地物类型的变化率，在一定时间内是稳定的。在相近时间段内，t_d 到 t_e 的反射率呈现线性关系是合理的，但是也可能存在非线性变化的情况，则可由式（3-48）和式（3-49）得下式：

$$C_e - C_d = \Delta t \sum_{j=1}^{D} \frac{m_j h_j}{B} \tag{3-50}$$

若 t_d 到 t_e 时期的第 k 类端元的反射率已知，则 Δt 由下式得到：

$$\Delta t = \frac{M_{ke} - M_{kd}}{h_k} \tag{3-51}$$

式中，h_k 表示第 k 类端元的变化率。根据式（3-50）和式（3-51），可得式（3-52）：

$$\frac{M_{ke} - M_{kd}}{C_e - C_d} = \frac{h_k}{\sum_{j=1}^{D} \frac{m_j h_j}{B}} = v_k \tag{3-52}$$

假设各端元比例和反射率变化率是稳定的，v_k 可理解为第 k 类端元的反射率的变化速率，与纯像元保持一致，称其为转换系数以便后期描述。由式（3-52）可知，粗分辨率的混合像元和端元之间的反射率变化存在线性关系，若将粗分辨率的混合像元内的细分辨率像元（x，y）代替端元，则可建立同一端元的粗、细分辨率像元反射率变化的线性关系，进而得到转换系数 $v_{(x,y)}$。

因此，当已知 t_0 时刻粗、细分辨率反射率和 t_p 时刻的粗分辨率反射率时，t_p 时刻的细分辨率反射率可依据式（3-53）得到：

$$M(x_j, y_j, t_p, A) = M(x_j, y_j, t_0, A) + v(x_j, y_j) \times [C(x_j, y_j, t_p, A) - C(x_j, y_j, t_0, A)] \tag{3-53}$$

与式（3-45）相比，式（3-53）仅是当粗分辨率像元只有一类端元组成时，粗、细分辨率反射率的描述，可看作为式（3-53）的一种特殊情况。但这种算法未考虑到相邻同类型的像元具有相似的反射率变化。为能够充分利用相邻像元的反射率信息，采用了 Gao 等提出的滑动窗口方法。该方法是在窗口内搜索与中心像元同一地物类型的邻近像元（称为相似像元），并利用这些相似像元的信息，通过式（3-54）计算得到预测日期细分辨率的反射率，计算公式为：

$$M(x_{w/2}, y_{w/2}, t_p, A) = M(x_{w/2}, y_{w/2}, t_0, A) + \sum_{j=1}^{n} W_j \times V_j \times [C(x_j, y_j, t_p, A) - C(x_j, y_j, t_0, A)] \tag{3-54}$$

式中：n 表示包括预测的中心像元在内的相似像元的数量；（x_j，y_j）表示相似像元位置；（$x_{w/2}$，$y_{w/2}$）表示滑动窗口中心像元；W_j 表示相似像元的权重；V_j 表示相似像元的转换系数；w 表示滑动窗口的大小，由地表景观均匀性决定，越均匀窗口越小。

对于相似像元的确定，需要满足下式：

$$|M(x_j, y_j, t_k, A) - M(x_{w/2}, y_{w/2}, t_k, A)| \leq \sigma(A) \times 2/z \tag{3-55}$$

式中：σ（A）表示 A 波段的反射率标准差；z 表示滑动窗口内地物类型的数量；M（x_j，y_j，t_k，A）和 M（$x_{w/2}$，$y_{w/2}$，t_k，A）分别表示在 t_k 时刻的第 j 个像元和中心像元在 A 波段上细分辨率反射率。

3.3.2 ESTARFM 建模数据

3.3.2.1 GLASS LAI

本研究使用的 LAI 数据为北京师范大学全球变化数据处理与分析中心发布的 GLASS LAI 产品。该数据提供了 1981~2018 年时间分辨率为 8 d，空间分辨率为 500 m、0.05°、1 km 的全球范围 LAI 产品。该产品首先采用加权线性组合的方式，生成 MODIS LAI 和 CYCLOPESLAI 二者的融合 LAI，其次，基于融合 LAI 与经过预处理的 MODIS/AVHRR 地表反射率数据，建立广义回归神经网络（GRNN）训练样本，训练出地表反射率与 LAI 值的关系模型，最后再以 MODIS/AVHRR 地表反射率数据为关系模型输入数据，进而得到全球长时间序列 LAI 产品。

相较其他 LAI 产品，GLASS LAI 产品的优势如下：数据时间序列长，在空间上像元几乎不存在缺失，在时空上具有连续性和完整性；数据具有较高的准确性；数据由我国研究开发，更易获取。

本研究选用 2014~2018 年的 GLASS LAI v5 数据集，时空分辨率为 8 d/500 m，行列号为 h25v05。该数据集有效值范围在 0~100 之间，比例系数为 0.1，特异质为 255。在使用数据前进行了去除特异质处理，将值域处理到 0~10 之间。

3.3.2.2 Landsat7 和 Landsat8 数据

一系列 Landsat 卫星来自于美国地质调查局（USGS）开展的美国 NASA 的陆地卫星计划，自 1972 年 7 月 23 日第一颗 Landsat 卫星成功发射以来，已有 9 颗

（第6颗发射失败），于2020年12月成功发射第9颗Landsat卫星。目前Landsat1-5已退役，且Landsat 9成功发射后，Landsat 7也将退役，被Landsat 9取代。本研究使用了Landsat 7和Landsat 8数据。以下是对这两种数据的介绍。

（1）Landsat 7数据

Landsat 7卫星携带的传感器为增强型专题制图仪（Enhanced Thematic Mapper，ETM+），共有8个波段，成像宽幅为185 km×185 km，重访周期为16 d。较Landsat 5增加了空间分辨率更高（15 m）的全色波段（第8波段），且第6波段的空间分辨率提升为60 m。表3-5显示了Landsat 7波段相关情况。

表3-5　Landsat 7波段介绍表

波段号	波段	波段范围/μm	空间分辨率/m	主要用途
Band1	Blue	0.45~0.52	30	获取水下特征、土地利用分类
Band2	Green	0.52~0.60	30	植物类型识别、反应水下特征以及评估作物长势
Band3	Red	0.63~0.69	30	反映水中泥沙信息、识别植物覆盖率、植物分类、识别人造地物
Band4	NIR	0.76~0.90	30	描绘水体边界、探测土壤湿度、识别植物类型
Band5	SWIR1	1.55~1.75	30	探测植物含水量和土壤湿度、雪和云的识别、作物长势分析
Band6	TIR	10.40~12.50	60	热辐射监测
Band7	SWIR2	2.09~2.35	30	水体、岩石、植被的识别
Band8	Pan	0.52~0.90	15	提高分辨能力

Landsat 7卫星在2003年5月31日出现机载扫描校正器故障，自此影像上出现黑色条带，严重影响数据使用。本研究使用了ENVI相应插件，对条带部分进行了修复。

（2）Landsat 8数据

Landsat 8卫星携带了陆地成像仪（Operational Land Imager，OLI）和热红外传感器（Thermal Infrared Sensor，TIRS）。前者有9个波段，包括了Landsat 7所有波段，除全色波段空间分辨率为15 m，其余波段均为30 m，后者有2个热红外波段（分辨率为100 m）。成像宽幅为185 km×185 km，重访周期为16 d。与其他Landsat系列卫星相比，将OLI的第5波段范围调整到了0.85~0.88 μm之间，第8波段范围变窄为0.50~0.68 μm。另外新增了两个波段，分别为波段1和波段 9，波段范围分别在 0.43~0.45 μm、1.36~1.39 μm 之间，前者主要用于观测海岸线，后者用于云检测。表 3-6 显示了 Landsat 8 波段相关信息。

表 3-6　Landsat 8 波段介绍表

传感器	波段号	波段	波段范围/μm	空间分辨率/m
OLI	Band1	Coastal	0.43~0.45	30
	Band2	Blue	0.45~0.51	30
	Band3	Green	0.53~0.59	30
	Band4	Red	0.64~0.67	30
	Band5	NIR	0.85~0.88	30
	Band6	SWIR1	1.57~1.65	30
	Band7	SWIR2	2.11~2.29	30
	Band8	Pan	0.50~0.68	15
	Band9	Cirrus	1.36~1.38	30
TIRS	Band10	TIRS1	10.6~11.19	100
	Band11	TIRS2	11.5~12.51	100

本研究主要使用了 2014~2018 年行列号为 135/34 的每月 Landsat 8 数据，由于部分影像上受云遮挡，本研究使用 Landsat 7 数据补充缺失的数据。这些数据在使用前进行了辐射定标、大气校正、几何校正等预处理。

3.3.2.3　MODIS NDVI

本研究采用的 MODIS NDVI 来源于 NASA EOS /MODIS 的 MOD13A1、MYD13A1 数据产品，时空分辨率均为 16 d/500 m，波段均包括了归一化植被指数（Normalized Vegetation Index，NDVI）、增强型植被指数（Enhanced Vegetation Index，EVI）、红波段（Band1）、近红波段（Band2）、蓝波段（Band3）、中红外波段（Band7）等。由于 MOD13A1 产品从每年的第 1 天开始有数据，而 MYD13A1 则为第 9 天，本研究结合使用二者可以获取 8 d 时间分辨率的 NDVI 数据，且所有时间点刚好与 GLASS LAI 对应。除此之外，由于 Landsat 卫星传感器与 MODIS NDVI 的不同，以及受云的影响，大部分的 MODIS NDVI 产品和 Landsat 产品的时间点是不同的，因此本研究采用的 Landsat 产品与 MODIS NDVI 产品的时间间隔不超过 3 天。本研究获取了 2014~2018 年时间段，行列号为 h25v05 的 MOD13A1、MYD13A1 产品，且仅使用了 NDVI 数据。二者的 NDVI 数据有效值在-2000~10000 之间，比例系数为 0.0001，特异质为-3000。为便于数据使用，进行了去除特异质、有效值处理等预处理。

3.4　高时空分辨率 LAI 获取

本节旨在结合 Landsat 影像高空间分辨率以及 GLASS LAI 高时间分辨率的优势，采用 ESTARFM 模型得到高时空分辨率的 LAI。并将得到的高时空分辨率 LAI 与 GLASS LAI、SWAT 原始 LAI（SWAT-LAI）进行比较，以验证高时空分辨率 LAI 的准确性及优越性。

3.4.1　高时空分辨率 LAI 获取过程

3.4.1.1　关系模型及相关数据的选择

LAI 与植被指数已被验证具有一定相关性，在机理上，植被指数可较好估算 LAI。因此本文通过在粗分辨率影像上建立二者关系，间接计算得到细分辨率（Landsat）的 LAI。然而，对于不同研究区，LAI 与植被指数之间关系的相关性不同。

目前，相关植被指数众多，如 NDVI（Normalized Difference Vegetation Index）、SAVI（Soil Adjusted Vegetation Index）、EVI（Enhanced Vegetation Index）、HSVI（Hyperspectral Image-based Vegetation Index）、NDGI（Normalized Difference Greenness Index）、EDVI（Microwave Emissivity Difference Vegetation Index）。不同的植被指数具有不同的适用性，其中 NDVI 是表征植被生长状态和覆盖度的最佳指标之一，可增强对植被的响应，目前在众多植被指数中应用最为广泛。SAVI 可降低裸地对植被冠层的光谱影响，适用于植被覆盖度较低的干旱半干旱区。EVI 利用减少冠层和大气背景的影响来增强植被信号，被认为是一种改进的 NDVI，较 NDVI 具有更高的植被监测能力。本书中研究区的土地覆盖在空间上具有异质性，不同的土地利用类型具有不同的光谱特性，可能会影响相关性程度。

基于此，本研究首先在区分土地覆盖类型和不区分土地覆盖分类两种条件下，分别对 NDVI、SAVI、EVI 与 LAI 进行相关性分析，以选取得到与 LAI 相关性最高的植被指数。再将选取的植被指数与 LAI 分别建立线性和非线性关系，并比较二者的相关性，最终获取最适宜的关系模型。

本研究利用 MOD13A1 和 MYD13A1 产品来分析 NDVI、SAVI、EVI 与 LAI 的相关性，MOD13A1 和 MYD13A1 产品的空间分辨率（500 m）与 GLASS LAI 一致，时间分辨率为 16 d，结合二者可互相弥补缺失时间点的数据，二者均包括 NDVI、EVI、红波段、近红波段等波段。可直接使用 MOD13A1 和 MYD13A1 产品的 NDVI 和 EVI，而 SAVI 则需利用二者产品的红波段、近红波段计算得到，计算公式如下：

$$SAVI = (1 + L) \times \frac{B_{nir} - B_{red}}{B_{nir} + B_{red} + L} \tag{3-56}$$

式中：B_{nir} 表示近红外波段；B_{red} 表示红波段；L 表示土壤亮度校正因子，为适应大多数土地覆盖类型，L 值通常为 0.5。SAVI 范围在 0~1 之间，值越接近于 1，植被覆盖度越大。

受气候影响，植被覆盖在冬季不明显，因此，本研究随机在任一夏季（7、8 月）分析不同植被指数与 LAI 的相关性。由于本研究主要覆盖类型为草地和裸地，因此主要在这两种土地覆盖类型中进行相关性分析。表 3-7 显示了 7 月与 8 月草地（高、中、低覆盖度）和裸地土地覆被中各植被指数与 LAI 的 R^2 值。如表 3-7 所示，从土地覆盖类型上来看，中覆盖草地类型的草地相关性最高，R^2 值处于 0.60~0.62 之间；低覆盖草地次之，R^2 值处于 0.28~0.60 之间；裸地较低，最大 R^2 值小于 0.53；高覆盖草地最低，最大 R^2 值小于 0.34。从不同植被指数上来看，NDVI、SAVI、EVI 的平均 R^2 值分别为 0.505、0.483、0.475。NDVI 的平均 R^2 值最大，且大多数的 R^2 值大于 SAVI 和 EVI，在草地（高、中、低）中 NDVI 的 R^2 值均最高；其次是 SAVI，且 SAVI 的 R^2 值普遍高于 EVI；EVI 相关性最低。

表 3-7　在不同土地覆盖类型中各植被指数与 LAI 的相关性

月	土地覆盖类型	NDVI	SAVI	EVI
7	高覆盖草地	0.33	0.22	0.21
	中覆盖草地	0.62	0.60	0.60
	低覆盖草地	0.60	0.59	0.58
	裸地	0.47	0.52	0.51
8	高覆盖草地	0.31	0.27	0.26
	中覆盖草地	0.62	0.55	0.55
	低覆盖草地	0.60	0.57	0.56
	裸地	0.49	0.54	0.53

表 3-8 显示了不区分土地覆盖类型分析各植被指数与 LAI 的 R^2 值。如表 3-8 所示，相较于区分土地覆盖类型，不区分土地覆盖类型条件下的植被指数与 LAI 具有更高的 R^2 值。区分土地覆盖类型条件下的 R^2 值不大于 0.62，而不区分土地覆盖类型条件下均不小于 0.79。因此，本研究在不区分土地覆盖类型条件下，选取 NDVI 与 LAI 建立关系模型。

表 3-8　不区分土地覆盖类型各植被指数与 LAI 的相关性

月	NDVI	SAVI	EVI
7	0.79	0.80	0.80
8	0.81	0.80	0.80

为得到最适宜的关系模型，本研究还随机建立了 2014~2018 年 MOD13A1 和 MYD13A1 的 NDVI 与 GLASS LAI 线性和非线性关系，共 38 个关系式。图 3-9 显示了线性和非线性关系的 R^2 值。如图所示，线性和非线性关系的 R^2 值相当，二者的 R^2 值均大于 0.7，均呈现出良好的相关性，但有时非线性关系的 R^2 值更高。

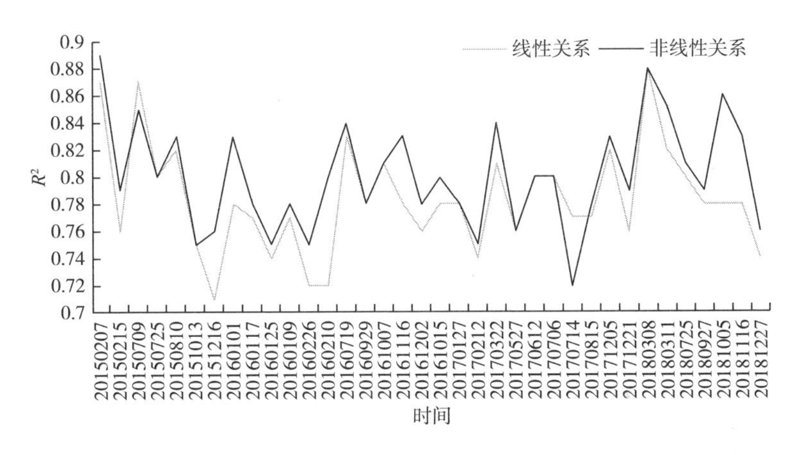

图 3-9　线性、非线性关系 R^2 值变化图

LAI 值存在较大的特异值，如 2015 年 7 月 9 日线性关系计算得到的 LAI 最大值为 18.89，非线性关系的为 33.29。

综上所述，本研究在不区分土地覆盖条件下，选取 NDVI 与 LAI 主要建立线性关系模型构建 NDVI 与 LAI 的关系，间接获得高空间分辨率 LAI。但当非线性关系得到的 LAI 大大优于线性关系时，则利用非线性关系模型构建关系。

3.4.1.2　构建 NDVI 与 LAI 的关系模型

为建立完整时间序列的 NDVI-LAI 线性或非线性模型，本研究结合使用了 MOD13A1 和 MYD13A1 NDVI 产品，可得到与 GLASS LAI 相同时间序列以及时空分辨率的 NDVI 数据集。构建 NDVI-LAI 线性或非线性模型，首先需要选取样本点，且这些样本点均匀分布在研究区，不同时期样本点的选取也不同。利用这些样本点分别提取 MOD13A1/MYD13A1 NDVI 和 GLASS LAI 影像上对应的像元值。通过这些像元值，建立线性或非线性模型。如下式：

$$f(x) = a + bx \tag{3-57}$$

$$f(x) = a + bx + cx^2 + dx^3 + \cdots + nx^n \tag{3-58}$$

式中：x 表示粗分辨率 NDVI 像元值，$f(x)$ 表示粗分辨率 LAI 像元值，二者为已知，可得到相关系数 a、b 的值。以此获得各时间点对应的 NDVI-LAI 线性或非线性关系模型。

3.4.1.3 获取 Landsat LAI

通过式（3-57）和式（3-58）已得到各时期的 NDVI-LAI 关系模型，仅需要将 Landsat NDVI 作为模型输入参数，即可获取 Landsat LAI。NDVI 计算公式如下：

$$\text{NDVI} = \frac{(B_{\text{nir}} - B_{\text{red}})}{(B_{\text{nir}} + B_{\text{red}})} \tag{3-59}$$

NDVI 的范围为［-1，1］，负值为水、云、雪等，0 值为裸土等，NDVI 值越大，植被覆盖度越大。

3.4.1.4 基于 ESTARFM 模型融合 GLASS LAI 与 Landsat LAI

由于 Landsat 和 GLASS LAI 时间周期存在差异，且由于天气等原因造成了 Landsat 数据缺失，可能无法完整获得与 GLASS 相对应时期的 Landsat 数据。因此，当有缺失数据时，本研究选取相似时期的 Landsat 来代替，其与 GLASS LAI 数据时间差不大于 3 天。在融合前，需要将所有数据处理为相同的 30 m 空间分辨率、边界范围以及 WGS_1984_UTM_zone_47N 投影方式。ESTARFM 模型的实现需要一对 t_0 和 t_1 时期的 Landsat LAI 和 GLASS LAI，一副预测时期 t_p 的 GLASS LAI 数据，且 $t_0 < t_p < t_1$。进而得到 8 d/30 m 分辨率的 LAI。

3.4.1.5 获取 1d/30 m LAI

由于 SWAT 模型以日为步长，则需要将 8 d/30 m 分辨率的 LAI 插值为1 d/30 m LAI。本研究采用分段线性内插来实现。该方法是通过已知两个相邻节点值，建立线性函数，近似估算得到两个已知节点之间未知的值。

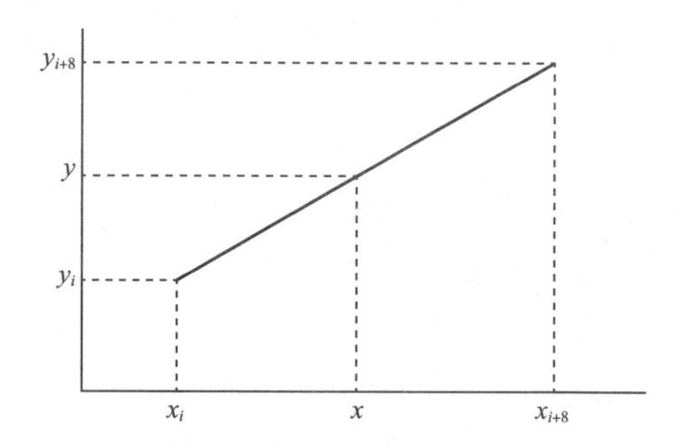

图 3-10 分段线性函数图

假设已知两个相邻节点为（x_i，y_i）和（x_{i+8}，y_{i+8}），将二者用直线连接起来，如图 3-10 所示。可得到线性函数的斜率：

$$a = \frac{(y_{i+8} - y_i)}{(x_{i+8} - x_i)} \tag{3-60}$$

根据式（3-60）可得到 $[x_i, x_{i+8}]$ 区间内的一元线性方程：

$$y = a \times (x - x_i) + y_i \tag{3-61}$$

合并式（3-61）和式（3-62），得到下式：

$$\frac{(y - y_i)}{(y_{i+8} - y_i)} = \frac{(x - x_i)}{(x_{i+8} - x_i)} \tag{3-62}$$

式中，y_i 和 y_{i+8} 分别表示第 i 日和第 i+8 日的已知 LAI；x_i 和 x_{i+8} 分别表示时间第 i 日和第 i+8 日。本研究以第 i 日和第 i+8 日的 8 d/30 m LAI 为已知节点，以 8 日为步长对 8 d/30 m LAI 每个像元建立时间与 LAI 值的一元线性方程，以计算 8 日内任一日中每个像元的 LAI，从而获得 1 d/30 m LAI。

3.4.2　高时空分辨率 LAI 精度验证

GLASS LAI 已被验证在全球、中国、草原等不同地域尺度上具有较其他产品更高的精度。故本研究通过对比获取的高时空分辨率（1 d/30 m）LAI 与 GLASS LAI 的时空特征，来验证 1 d/30 m LAI 的精度。为了验证高时空分辨率 LAI 在 SWAT 模型中的适用性，还将其与原始 SWAT 估算的 LAI（SWAT-LAI）进行了比较。

3.4.2.1　高时空分辨率 LAI 空间特征

本研究对比了 2014 年 7 月 14 日高时空分辨率 LAI 和 GLASS LAI 的空间特征，以进行空间精度验证。高时空分辨率 LAI 和 GLASS LAI 具有一致的空间分布特征，LAI 均在 0~10 之间，研究区西北部 LAI 值较小，东部 LAI 值较大且主要分布在东北部。随着海拔降低，LAI 值上升。经统计，高时空分辨率 LAI 像元总数量大约是 GLASS LAI 的 210 倍，前者具有更高的空间分辨率。相较 GLASS LAI，其具有更为清晰的纹理和轮廓，如耕地、河道，高时空分辨率 LAI 具有明显的边界，更丰富的细节信息，更易区分相似地物。而 GLASS LAI 影像中地物的像元更为粗略，相似地物的信息容易产生混淆，如图 3-11 所示。

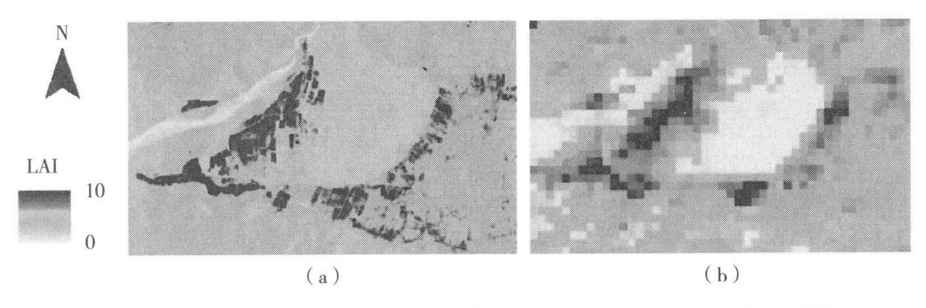

图 3-11　高时空分辨率 LAI（a）与原始 GLASS LAI（b）空间特征对比图

3.4.2.2 高时空分辨率 LAI 时间特征

为验证高时空分辨率 LAI 在时间上的准确性。本研究选取了大约 30000 个样本点，计算了 2014~2018 年高时空分辨率 LAI 和 GLASS LAI 的 LAI 月平均值、8 日平均值和二者月平均差值，计算了 R^2、Pearson 系数和 P 值，以对二者进行相关性分析。还计算了 SWAT-LAI 的月平均值。除此之外，还统计了高时空分辨率 LAI 和 GLASS LAI 像元面积比例，定量分析了二者像元的时间特征。

在空间上，高时空分辨率 LAI 值随着植物生长而动态变化，特别是在研究区东部低海拔植被覆盖度较高的区域，变化特征最为明显，而高海拔的西北部，受植被影响，LAI 值随时间变化较为缓慢。图 3-12 显示了 2014~2018 年 LAI 值的季节变化特征。如图 3-12 所示在植被生长季 LAI 值随时间而增加，至生长旺季时达到最大值，枯黄期 LAI 值下降，主要表现为：LAI 值冬季最低（12 月、1 月、2 月）-春季上升（3 月、4 月、5 月）-夏季最高（6 月、7 月、8 月）-秋季下降（9 月、10 月、11 月）。

图 3-12 显示了 2014~2018 年高时空分辨率 LAI、GLASS LAI 值、SWAT-LAI 三者月平均 LAI 值变化过程曲线，三者存在一致的月季变化，冬季 1 月最低，夏季 7 月或 8 月最高，高时空分辨率 LAI 与 GLASS LAI 值的差值在-0.005~0.900 之间。其中，夏季差值最大，且当 GLASS LAI 的月平均 LAI 值越小时，差值越大，差值最小值出现在春秋两季。SWAT-LAI 与 GLASS LAI 及高时空分辨率 LAI 具有较大差异，主要表现在：SWAT-LAI 值整体较小；季节上，其峰值及最低值较 GLASS LAI 及高时空分辨率 LAI 提前 1 个月，SWAT-LAI 捕捉季节信息能力较差。

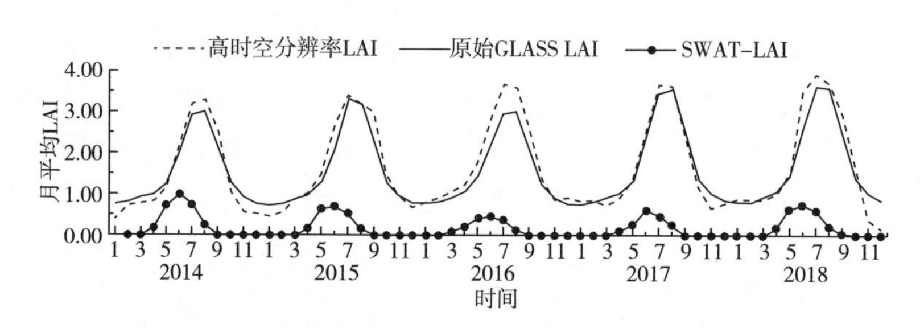

图 3-12 高时空分辨率 LAI 与 GLASS LAI 值月际变化图

为定量分析高时空分辨率 LAI 值在时间上的精度，本研究将高时空分辨率 LAI 和 GLASS LAI 像元值分为 5 个等级：0~2、2~4、4~6、6~8、8~10，分别记为Ⅰ、Ⅱ、Ⅲ、Ⅳ、Ⅴ，并统计了每个等级在不同月的占比。表 3-9 显示了 5 个等级 LAI 值在各月的面积比例。如表 3-9 所示，高时空分辨率 LAI 和 GLASS

LAI 的像元值有相似的变化特征。二者的冬季像元值均较低，有 98%以上的像元处于Ⅰ等级，春季像元值逐渐增大，夏季时达到最大，其像元值在 5 个等级中均有一定比例，秋季像元值减小，等级下降。从像元值的大小来看，二者除 6 月、7 月、8 月、9 月像元值主要分布在 3~4 之间外，其余的月像元值均在 0~2 之间，比例均大于 85%，侧面反映了研究区植被覆盖度较低的特征。

高时空分辨率 LAI 与 GLASS LAI 虽然有相似的变化特征，但二者也存在差异。高时空分辨率 LAI 的像元值呈现出更为明显的季节特征，且较 GLASS LAI 变化更为平滑，突变较少。在 1~4 月中，虽然二者均有 98%以上的像元值处于 0~2 之间。但 1~3 月中，GLASS LAI 像元值处于 0~2 之间的比例一直保持在 100%。而高时空分辨率 LAI 的Ⅰ等级像元比例一直在缓慢地减少。至 5 月时，二者的像元值在Ⅰ、Ⅱ、Ⅲ等级均有一定比例，高时空分辨率 LAI 分别为 84.44%、15.55%、0.01%，GLASS LAI 为 87.63%、12.34%、0.03%。此后，二者像元值一直在增大，到夏季 8 月时Ⅴ等级的比例达到最大，但高时空分辨率 LAI 比例较大，为 3.17%，GLASS LAI 仅为 1.27%。秋季时，二者的像元值均减小，高时空分辨率 LAI 像元值在 0~8 之间，而 GLASS LAI 在 0~6 之间，后者像元值减小的幅度更大。

表 3-9　高时空分辨率 LAI 和 GLASS LAI 像元值比例表

月	数据集	Ⅰ/%	Ⅱ/%	Ⅲ/%	Ⅳ/%	Ⅴ/%
1	高时空分辨率 LAI	99.99	0.01	0	0	0
	GLASS LAI	100	0	0	0	0
2	高时空分辨率 LAI	99.98	0.02	0	0	0
	GLASS LAI	100	0	0	0	0
3	高时空分辨率 LAI	99.47	0.53	0	0	0
	GLASS LAI	100	0	0	0	0
4	高时空分辨率 LAI	98.32	1.68	0	0	0
	GLASS LAI	99.85	0.15	0	0	0
5	高时空分辨率 LAI	84.44	15.55	0.01	0	0
	GLASS LAI	87.63	12.34	0.03	0	0
6	高时空分辨率 LAI	32.61	52.12	13.16	2.11	0
	GLASS LAI	37.32	55.45	6.96	0.27	0
7	高时空分辨率 LAI	14.48	55.01	17.53	9.91	3.07
	GLASS LAI	23.88	51.27	15.67	8.36	0.82
8	高时空分辨率 LAI	12.56	58.60	16.16	9.51	3.17
	GLASS LAI	22.03	52.57	14.80	9.33	1.27
9	高时空分辨率 LAI	40.12	43.92	12.24	3.68	0.04
	GLASS LAI	48.55	41.28	9.10	1.07	0

续表

月	数据集	Ⅰ/%	Ⅱ/%	Ⅲ/%	Ⅳ/%	Ⅴ/%
10	高时空分辨率 LAI	85.94	13.72	0.34	0	0
	GLASS LAI	89.16	10.67	0.17	0	0
11	高时空分辨率 LAI	99.31	0.69	0	0	0
	GLASS LAI	99.43	0.57	0	0	0
12	高时空分辨率 LAI	99.86	0.14	0	0	0
	GLASS LAI	99.97	0.03	0	0	0

图 3-13（a）和图 3-13（b）显示了高时空分辨率 LAI 与原始 GLASS LAI 的月平均 LAI 值和 8 日平均 LAI 值具有良好的线性关系，R^2 分别为 0.95、0.94。表 3-10 显示了不同时间尺度下与 GLASS LAI 的相关性。由表可知，Pearson 系数均为 0.97，P 值均小于 0.01，表明高时空分辨率 LAI 与原始 GLASS LAI 存在显著正相关系。由此可知高时空分辨率 LAI 在时间尺度上具有较好的精度。

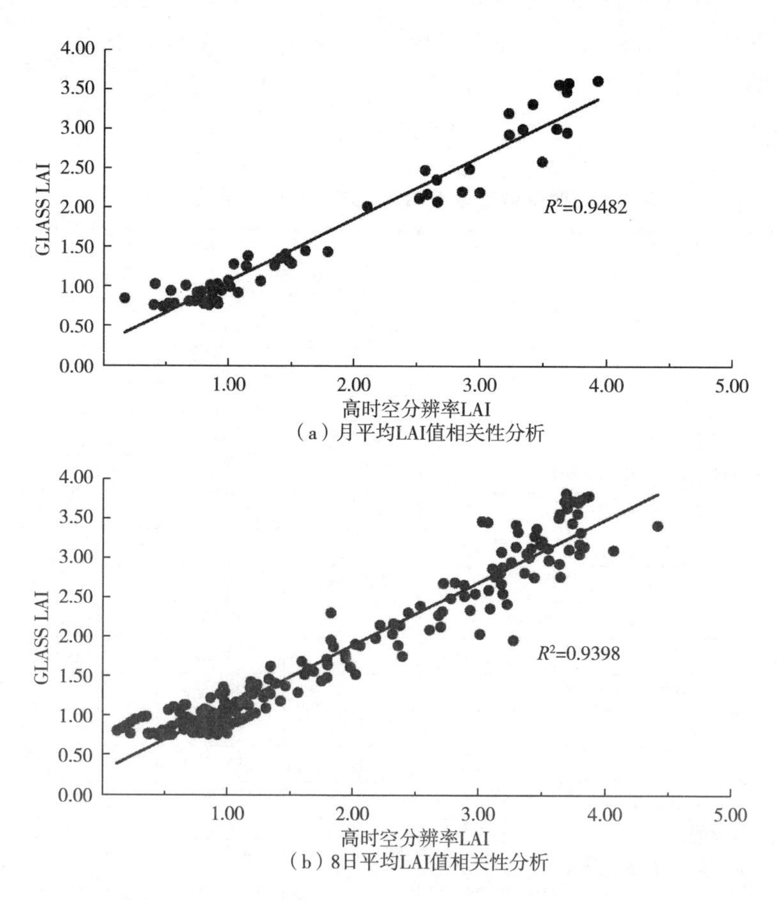

（a）月平均LAI值相关性分析

（b）8日平均LAI值相关性分析

图 3-13　2014~2018 年 GLASS LAI 与高时空分辨率 LAI 相关性分析图

表 3-10　月平均 LAI 值、8 日 LAI 平均值与原始 GLASS LAI 相关系数结果

时间尺度	R^2	Pearson 积矩相关系数	P
月平均 LAI 值	0.95	0.97	<0.01
8 日平均 LAI 值	0.94	0.97	<0.01

综上所述，基于 GLASS LAI 获取的高时空分辨率 LAI 是可靠的。本研究将其映射到 SWAT 模型的各个 HRU 上，表 3-11 为 2014~2018 年多年月平均 LAI 映射到 HRU 上值的变化范围。如表 3-11 所示，1~12 月改进 SWAT LAI 值变化范围呈现出明显季节性特征，1~4 月 LAI 值在 0~2 之间变化，5~6 月 LAI 值的变化范围逐渐扩大，7~8 月 LAI 值达到峰值在 0~9 之间变化，而原始 SWAT LAI 值仅在 0~4 之间变化。此外在 1~2 月和 11~12 月原始 SWAT LAI 值均为 0，这表明原始 SWAT LAI 值在空间上是同质的，整个流域的 LAI 值均为 0。在整个流域上，与原始 SWAT 模型相比，改进 SWAT 的 LAI 具有更加明显的时空变异性。

表 3-11　改进与原始 SWAT 在 HRU 上的 LAI 值的变化范围

月	1	2	3	4	5	6	7	8	9	10	11	12
改进 SWAT LAI 值范围	0~2	0~2	0~2	0~2	0~3	0~6	0~9	0~9	0~6	0~3	0~2	0~2
原始 SWAT LAI 值范围	0	0	0~1	0~1	0~3	0~4	0~4	0~3	0~1	0~1	0	0

3.5　卫星遥感降水数据与实测降水数据在巴音河上游的准确性评估

降水作为大气水循环的基本要素，是 SWAT 模型重要的驱动数据。通过气象站可直接并准确获取实测降水数据。然而，在地形、地理位置等因素的影响下，我国西部地区的气象站分布稀疏且不均匀，导致基于站点观测的降水数据代表性差。降水数据的精度及区域代表性是影响水文模型模拟效果的重要因素。近年来，随着遥感技术的发展，已衍生出许多不同时空分辨率、不同空间尺度的遥感降水产品。为降水资料缺乏区域的水文研究提供了有效途径。

本研究中用于建立 SWAT 模型的降水数据仅来源于德令哈气象站，可能会对模型模拟带来不确定性，因此本节评价了遥感降水产品与实测降水数据在 SWAT 模型径流模拟过程中的准确性，旨在得到性能较好的降水数据以建立 SWAT 模

型。由于前人已基于 TMPA 3B42（TRMM multi-satellite Precipitation Analysis 3B42V7）、GPM IMERG V5（Global Precipitation Measurement Produced by the Integrated Multi-satellitE Retrievals）、GPM IMERG V6 与实测的降水数据分别对巴音河上游建立了 SWAT 模型，并评价了四者在巴音河流域的适用性，得出基于气象站点（德令哈站）观测的实测降水数据对应更好的径流模拟效果。但该研究搜集的遥感降水产品有限，故本研究进一步选取了 CMORPH v1.0、CHIRPS v2.0、MSWEP v2 3 种遥感降水产品与实测降水数据进行比较。

本节拟在巴音河上游，分别基于 2014 年 1 月 1 日～2018 年 12 月 31 日 CMORPH v1.0、CHIRPS v2.0、MSWEP v2 逐日降水数据和基于海拔修正德令哈气象站实测降水数据建立 SWAT 模型，分别命名为 SWAT1、SWAT2、SWAT3、SWAT4。对比各模型的径流模拟效果，进而获取适用于研究区水文过程模拟的最优降水数据以驱动 SWAT 模型。

3.5.1 卫星遥感降水数据与实测降水数据的对比

为比较 CMORPH v1.0、CHIRPS v2.0、MSWEP v2 产品与实测降水量的差异，本研究比较了 2014～2018 年四者的日、月降水量，并计算了 *R* 值、相对误差（BIAS 值）、均方根误差（RMSE 值），以此作为评价指标。*R* 值、BIAS 值和 RMSE 值的计算方式如下：

$$R = \frac{\sum_{i=1}^{m}(S_i^{si} - \bar{S}^{si})(S_i^{ob} - \bar{S}^{ob})}{\sqrt{\sum_{i=1}^{m}(S_i^{si} - \bar{S}^{si})^2 \sum_{i=1}^{m}(S_i^{ob} - \bar{S}^{ob})^2}} \tag{3-63}$$

$$\text{BIAS} = \frac{\sum_{i=1}^{m}(S_i^{si} - S_i^{ob})}{\sum_{i=1}^{m} S_i^{ob}} \tag{3-64}$$

$$\text{RMSE} = \sqrt{\frac{1}{m}\sum_{i=1}^{m}(S_i^{si} - S_i^{ob})^2} \tag{3-65}$$

R 值、NSE 值越趋近于 1，BIAS 值、RMSE 值越趋近于 0，数据效果越好。

3.5.1.1 日尺度遥感降水数据精度评估

表 3-12 显示了各遥感降水数据各评价指标。如表 3-12 所示，MSWEP v2、CMORPH v1.0、CHIRPS v2.0 产品在日尺度上对应的 *R* 值均较低。对比三者，MSWEP v2 的 *R* 值最高为 0.57，CMORPH v1.0、CHIRPS v2.0 的 *R* 值均小于 0.3，与实测值相关程度最低。比较三者对应的 BIAS 值，CMORPH v1.0 的 BIAS 值最大为 10.25，MSWEP v2 较 CHIRPS v2.0 对应的 BIAS 值高出 0.23，二者相

差不大。CMORPH v1.0、CHIRPS v2.0、MSWEP v2 对应的 RMSE 值分别为 23.26、3.50、2.45，其中 MSWEP v2 的 RMSE 值较 CHIRPS v2.0 小 1.05。总体而言，在日尺度上 MSWEP v2 产品的表现最优。

表 3-12　CMORPH v1.0、CHIRPS v2.0、MSWEP v2 产品日降水量质量评价

指标	CMORPH v1.0	CHIRPS v2.0	MSWEP v2
R	0.21	0.21	0.57
BIAS	10.25	0.10	0.33
RMSE	23.26	3.50	2.45

3.5.1.2　月尺度遥感降水数据精度评估

表 3-13 显示了 CMORPH v1.0、CHIRPS v2.0、MSWEP v2 月降水量的 *R* 值分别为 0.65、0.90、0.89，BIAS 值分别为 10.25、0.20、0.33，RMSE 分别为 357.42、15.98、18.91。从表 3-12 可以看出，在月尺度上 CHIRPS v2.0 最为接近实测降水量。

图 3-14 显示了各降水数据 2014~2018 年月降水量变化的过程曲线，由于 CMORPHv1.0 月降水量处于 0~1131.20 mm 之间，与实际降水量（0~121.90 mm）存在较大差异，故未将其过程线放入图 3-14 中。由图 3-14 可知，三者具有一致的 季节变化特征，即冬季降水量最低，夏季最高。CHIRPS v2.0、MSWEP v2 与实测值之间的差值在时间上也具有季节特征，即在冬季的差值均较夏季小，CHIRPS v2.0 和 MSWEP v2 较实测值夏季的平均差值分别为 1.94 mm、3.91 mm，冬季的平均差值分别为 21.26 mm、22.03 mm。CHIRPS v2.0 与实测值过程线的变化趋势较为接近，而当夏季实测月降水量峰值越小时，二者却具有较大差值，如 2017 年 7 月二者差值为 65.63 mm，其他年月的差值却较小，处于 -30.43~42.94 mm 之间。MSWEP v2 与实测月降水量的差值较大，差值处于 -42.15~43.31 mm 之间。总体而言，在月尺度上，CHIRPS v2.0 产品的表现较好。

对比各产品在日、月尺度上的精度，CMORPH v1.0、CHIRPS v2.0、MSWEP v2 产品在日尺度上的精度均较低。原因可能为本研究区处于高寒、干旱内陆区，降水量小，地形起伏大，局部气候多变，导致遥感降水产品数据无法准确捕获降水信息。且由于遥感降水数据受分辨率的影响，各像元的值存在差异，进而造成与实测值较大的误差。

表 3-13　CMORPH v1.0、CHIRPS v2.0、MSWEP v2 产品月降水量质量评价

指标	CMORPH v1.0	CHIRPS v2.0	MSWEP v2
R	0.65	0.90	0.89
BIAS	10.25	0.20	0.33
RMSE	357.42	15.98	18.91

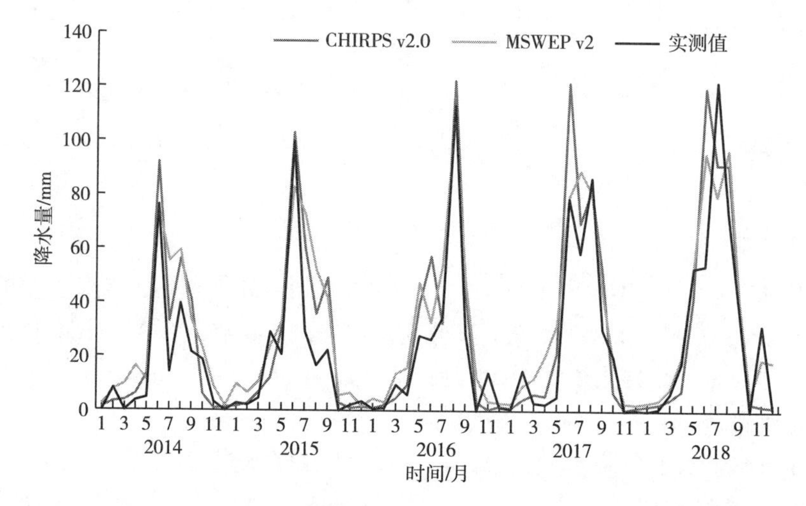

图 3-14　2014~2018 年 CHIRPS v2.0、MSWEP v2 产品与实测月平均降水量变化曲线图

3.5.2　基于不同降水数据建立 SWAT 模型

本研究利用全球降水气象中心（GPCC）站点气象数据分别对 CMORPH v1.0、CHIRPS v2.0、MSWEP v2 逐日降水产品进行了校准。由于 CMORPH v1.0、CHIRPS v2.0、MSWEP v2 逐日降水数据为网格格式，需将网格格式转换为矢量点，即虚拟站点。通过虚拟站点得到相应格网的降水量以适应 SWAT 模型。CMORPH v1.0、CHIRPS v2.0、MSWEP v2 产品虚拟站点在研究区的覆盖程度，三者分别覆盖了 26、613、179 个点。受空间分辨率的影响，CHIRPS v2.0 产品的数据点覆盖程度最高。

实测降水数据仅来源于位于南部较低海拔的德令哈气象站，所以可能无法准确表达北部地形复杂区的降水变异性。故在模型中利用 PLAPS（降水递减率，mm/km）参数对降水进行了修正，修正方式与 3.2.3 气象数据的一致，为便于分析称为海拔修正的实测数据。且建立 SWAT 模型所需的其他数据也与 3.2.3 节一致。

3.5.3　4 种 SWAT 模型月径流量模拟效果

表 3-14 显示了 SWAT 1、SWAT 2、SWAT 3、SWAT 4 对应的研究区月径流量模拟效果。如表所示，尽管巴音河流域仅有一个气象观测站，但其（SWAT 4）对应的径流量模拟效果最佳，NSE 值为 0.87，R^2 值为 0.88，PBIAS 值为 2.80%。MSWEP v2（SWAT 3）模拟效果次之，对应的 NSE 值为 0.76，R^2 值为 0.81，PBIAS 值为 17.20%。CHIRPS v2.0（SWAT 2）模拟效果较差，对应的 NSE 值、R^2 值、PBIAS 值分别为 0.61、0.74、27.10%。CMORPH v1.0（SWAT 1）模拟效果最差，NSE 值为 -734.42，R^2 值为 0.36，PBIAS 值为 -1703.80%。SWAT 2、SWAT 3、SWAT 4 模拟结果均具有一定可信度，但 SWAT 1 的 R^2 值小于 0.5，其模拟结果不可信。此外，表 3-14 中 *P* 因子和 *R* 因子为 SWAT 模型不确定评价因子。*P* 因子越趋于 1，*R* 因子越趋于 0，则表明模型率定效果越好。由表 3-14 可知，SWAT 3 和 SWAT 4 的 *P* 因子分别为 0.53、0.17，以及 *R* 因子分别为 1.50、0，反映出二者具有较好的模拟效果。

表 3-14　月径流量模拟效果

指标	SWAT 1	SWAT 2	SWAT 3	SWAT 4
NSE	734.42	0.61	0.76	0.87
PBIAS/%	-1703.80	27.10	17.20	2.80
R^2	0.36	0.74	0.81	0.88
P 因子	0.28	0.72	0.53	0.17
R 因子	14.15	1.63	1.50	0.00

图 3-15 显示了 SWAT 1、SWAT 2、SWAT 3、SWAT 4 模拟的月径流量过程线。如图 3-15 所示，SWAT 1、SWAT 2、SWAT 3、SWAT 4 4 种模型模拟的流量过程线具有一致的变化趋势。夏季径流主要由降水补给，河道径流量也较大。冬季和春季径流量较低，主要原因为春、冬两季径流主要由冰雪融水补给，SWAT 模型模拟融雪过程所考虑的因素过于简单。

如图 3-15 所示，各 SWAT 模型对应的流量过程线中，SWAT 3 和 SWAT 4 径流量过程线的变化特征最为接近，二者变化趋势均更接近实测径流量，与实测径流量的差值分别处于-18.28～18.57 m^3/s、-11.39～14.74 m^3/s 之间。从年际上看，当径流量峰值较小时，SWAT 3、SWAT 4 与实测径流量具有较大差异，如 2014 年的最大径流量为 20.80 m^3/s，SWAT 3、SWAT 4 与实测径流量差值分别处

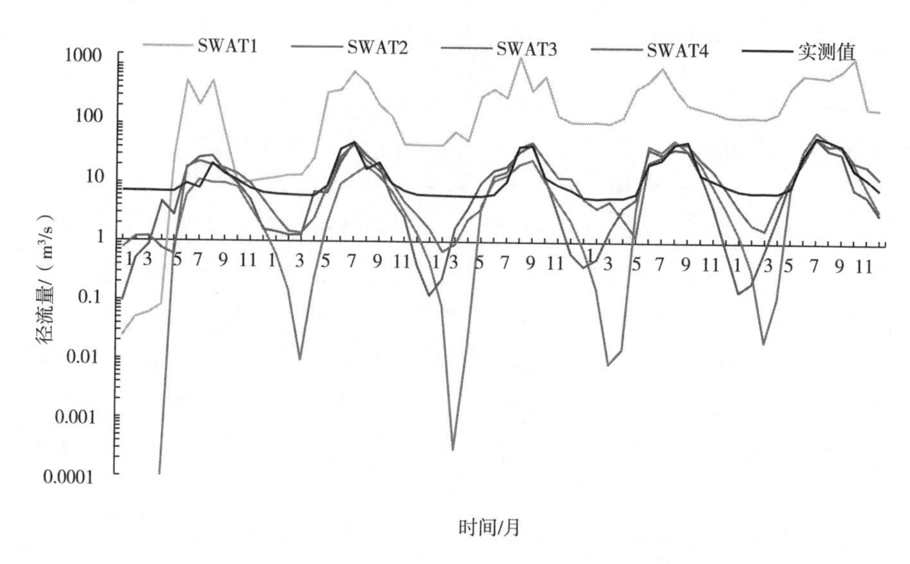

图 3-15　SWAT1、SWAT2、SWAT3、SWAT4 月径流量模拟结果图

于 -7.03~18.57 m^3/s、-6.36~14.74 m^3/s 之间。其他年的最大径流量均不低于 40 m^3/s，SWAT 3 最大差值不大于 18.28 m^3/s，SWAT 3 最大差值不大于 11.39 m^3/s。从季节上看，SWAT 3、SWAT 4 与实测径流量的差值具有明显季节特征，春、冬两季的差值较低，SWAT 3 春季与冬季平均差值（除 2014 年）分别为 3.35 m^3/s、6.10 m^3/s，SWAT 4 分别为 3.31 m^3/s、3.62 m^3/s。夏季差值最大，SWAT 3、SWAT 4 夏季平均差值（除 2014 年）分别为 9.00 m^3/s、4.91 m^3/s。

相较于 SWAT 3 和 SWAT 4，SWAT 2 与实测径流量过程线具有较大差异，差值处于-34.66~22.24 m^3/s 之间，且 2014~2016 年大大低估了实测最大径流量，2017~2018 年高估了实测最大值。季节上，SWAT 2 模拟径流量与实测值的差值也表现为春、冬两季差值较小，夏季最大。SWAT 1 模拟的径流量较实测值具有最大差异，效果最差。如图 3-15 所示，SWAT 1 模拟的各年的最大径流量不小于 500 m^3/s，而实测各年最大径流量不大于 70 m^3/s，与实测值的差值处于 -7.10~1421.80 m^3/s 之间。

综上，实测降水数据更适用于巴音河上游的降水—径流量过程的模拟，具有最优性能。这与前人基于 GPM、TRMM 及实测降水数据建模所得出的结论一致。基于此，本研究选取实测降水数据来作为原始 SWAT 和改进后的 SWAT 模型输入的降水数据。考虑到地形的影响，还需基于海拔对实测降水数据进行修正。

3.6　原始 SWAT 模型与改进后的 SWAT 模型对比

本节基于高时空分辨率 LAI 改进了 SWAT 模型作物生长模块。为评估改进后的 SWAT 模型模拟效果，将其模拟的 2014～2018 年月径流量、月泥沙含量、月 *ET* 与原始 SWAT 模型模拟结果进行对比。

3.6.1　参数率定

SWAT 模型的建立涉及许多参数，不同的参数会对模型模拟产生不同的影响，是模型不确定性的来源之一。然而，获取整个流域每个参数的实测值是困难的。因此，在模型校准（率定）以及验证之前，需要对参数进行敏感性分析，进而选取出对模拟结果影响较大、最为敏感的参数。将这些参数调整到最优值，以提高模型模拟的效率和适用性，进而真实刻画研究区的水文过程。

本研究分别建立了原始和改进后的 SWAT 模型，采用了 SWAT-CUP 软件对二者进行参数敏感性分析。图 3-16 显示了参数敏感性分析的结果，图中 *t*-Stat 和 *P*-Value 分别表示参数敏感性程度和敏感度显著性，前者绝对值越大，敏感度越高，后者越接近于 0 敏感度越显著。如图 3-16 显示了原始和改进后的 SWAT 模型分别对应的前 10 个敏感性参数。两模型前 4 个敏感参数是相同的，按照敏感度由高到低依次为 CN2（SCS 径流曲线数）、ALPHA_BF（基流系数）、CH_K2（主河道河床有效导水率）、SOL_BD（湿容重）。原始 SWAT 敏感参数还依次包括 ESCO（土壤蒸发补偿系数）、SMTMP（融雪基温）、SOL_K（土壤饱和下渗率）、CN_N2（主河道曼宁系数）、SURLAG（地表径流滞后时间）、SMFMX（最大融雪因子）。改进后的 SWAT 敏感参数还包括 SURLAG、OV_N（破面漫流曼宁系数）、SOL_AWC（土壤有效含水量）、HRU_SLP（平均坡度）、REVAPMN（浅层地下水再蒸发系数）、CH_N2。本研究主要基于流域出口观测的月径流、泥沙数据，结合 SWAT-CUP（SWAT Cali Bration and Uncertainty Procedure）软件中 的 SUFI-2（Sequential Uncertainty Fifitting）算法来实现。

3.6.2　径流量模拟效果

本节分别基于原始和改进后的 SWAT 模型进行了径流量模拟，为对比二者模拟效果，分别绘制了 2014～2018 年月径流量过程线并计算了 R^2 值、NSE 值、PBIAS 值。图 3-17 和表 3-15 显示了两种 SWAT 模型模拟月径流量过程线和模拟效果。如图 3-17 和表 3-15 所示，两种 SWAT 模型模拟的月径流量过程线与实测径流量过程线变化趋势基本吻合，峰值出现在夏季，低值出现在冬季，二者大多

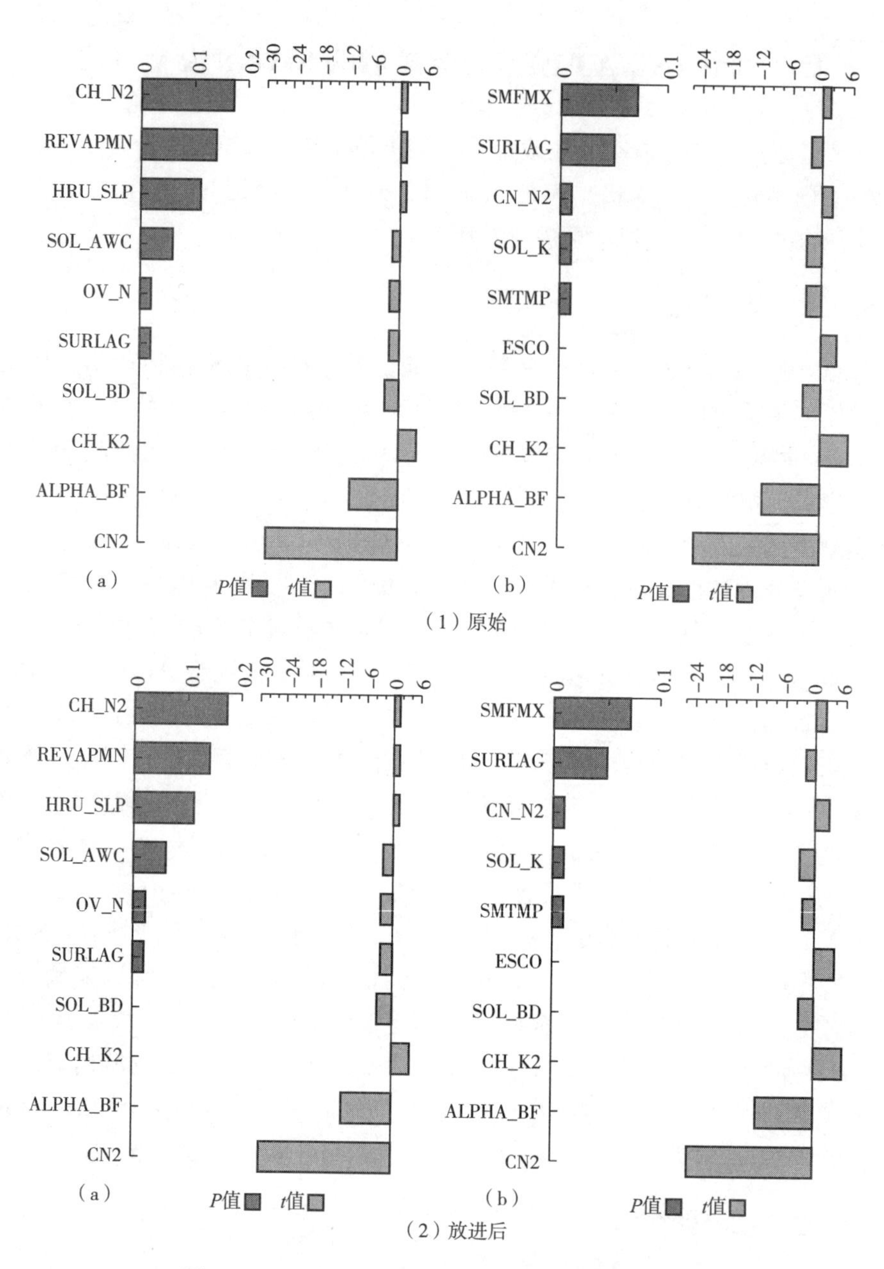

图 3-16　原始和改进后的 SWAT 模型的敏感参数

数的模拟值与实测值在 7 月和 10 月最为接近。且 R^2 值均大于 0.85，NSE 均大于或等于 0.85，PBIAS 均在-10%～10%之间。表明两个模型对巴音河上游径流量模拟均有很好效果。

虽然原始和改进后的 SWAT 模型均取得了良好的模拟效果，但是改进后的 SWAT 模型模拟效果优于原始 SWAT 模型。原始与改进后的 SWAT 模型模拟的月径流量较实测值的差值分别处于-12.45~10.14 m³/s、-12.08~8.61 m³/s 之间。二者在冬季差值均较小，分别处于-3.74~3.62 m³/s、-3.98~3.73 m³/s 之间；原始与改进后的 SWAT 模型模拟值与实测值在夏季差值均较大，分别处于-12.45~10.14 m³/s、-10.92~8.61 m³/s 之间，改进后的 SWAT 模型的差值相对较小。在率定期和验证期，原始 SWAT 模型的 R^2 值分别为 0.87、0.93，NSE 值分别为 0.85、0.93，PBIAS 值分别为 8.10%、4.60%。而改进后的 SWAT 模型在率定期和验证期的 R^2 值为 0.90、0.95，NSE 值分别为 0.89、0.94，PBIAS 值均处于 0~4%之间。综上，在率定期和验证期，改进后的 SWAT 模型模拟月径流量的性能均优于原始 SWAT 模型。

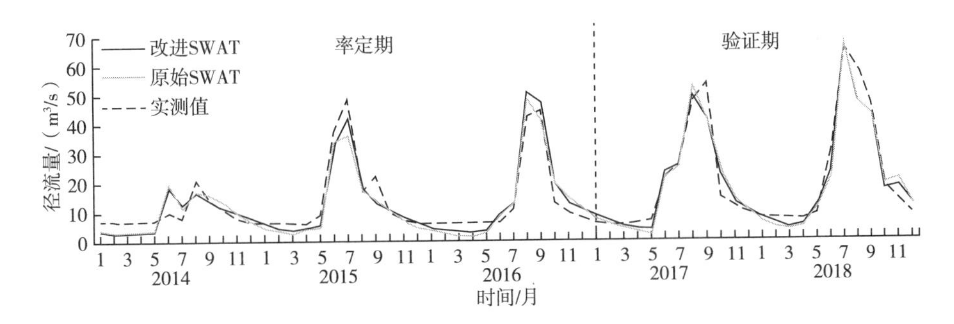

图 3-17　原始和改进后的 SWAT 模型模拟的月径流量过程线

表 3-15　原始和改进后的 SWAT 模型在模拟月度流量中的性能

指标		改进后的 SWAT	原始 SWAT
R^2	率定期	0.90	0.87
	验证期	0.95	0.93
NSE	率定期	0.89	0.85
	验证期	0.94	0.93
PBIAS/%	率定期	3.30	8.10
	验证期	3.70	4.60

3.6.3　泥沙含量模拟效果

本研究还评估了原始和改进后的 SWAT 模型泥沙含量模拟效果。图 3-18 显示了原始 SWAT、改进后的 SWAT 模型模拟的泥沙含量和实测泥沙含量的变化趋势。如图 3-18 所示，三者呈现一致的变化趋势，均具有明显的季节变化特征，即夏季泥沙含量最大，春、冬两季最小，与月径流量季节特征相似。其原因可能是研究区植被稀疏，土质疏松，水土保持能力差，且夏季降水多，径流量增加，进而促进了泥沙的输送，而春季和冬季的径流量主要补给源为融雪，降水量较少，河道水流缓慢，削弱了泥沙输送能力。对比原始 SWAT、改进后的 SWAT 模型模拟的泥沙含量的差异，相较于实测泥沙含量，三者的最大泥沙量均小于 1220000 t。原始 SWAT、改进后的 SWAT 模型模拟的泥沙量较实测值差值分别处于 -314236.75~90666.08 t、-234041.77~118166.08 t 之间。在年尺度上，泥沙含量峰值越小的年，模拟效果较差。

表 3-16 显示了原始和改进后的 SWAT 模型模拟的泥沙含量对应的 R^2 值、NSE 值和 PBIAS 值。如表 3-16 所示，原始和改进后的 SWAT 模型 R^2 值均不下于 0.85，NSE 值均不小于 0.79，表明二者在模拟泥沙含量方面均取得良好效果。在率定 期和验证期，改进的 SWAT 对应的 R^2 值分别为 0.93、0.87，NSE 值分别为 0.89、0.86，PBIAS 值分别为 29.24%、-15.20%。原始 SWAT 的 R^2 值分别为 0.93、0.85，NSE 值分别为 0.87、0.79，PBIAS 值分别为 35.28%、15.60%。综上所述，改进后的 SWAT 模型较原始 SWAT 具有较好的模拟性能。

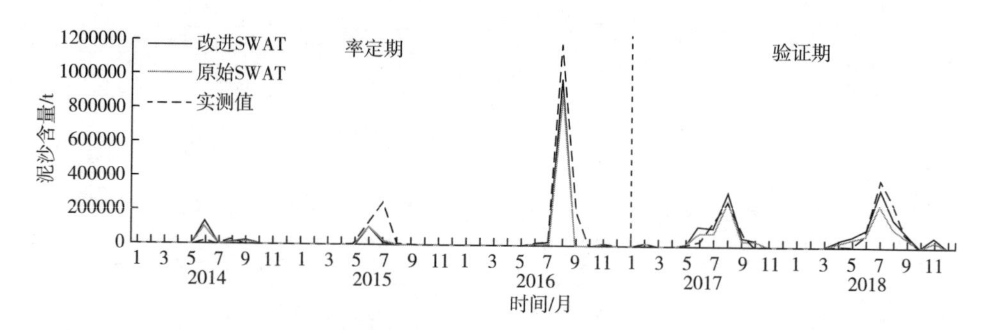

图 3-18 原始和改进后的 SWAT 模型模拟的泥沙含量过程线

表 3-16 原始和改进后的 SWAT 模型在模拟泥沙含量中的性能

指标		改进后的 SWAT	原始 SWAT
R^2	率定期	0.93	0.93
	验证期	0.87	0.85
NSE	率定期	0.89	0.87
	验证期	0.86	0.79
PBIAS/%	率定期	29.24	35.28
	验证期	-15.20	15.60

3.6.4　*ET* 模拟效果

基于站点的径流、泥沙数据校准水文模型时可能会概化部分原本具有空间异质性的参数。基于此，本研究还选取了基于遥感的 SSEBop 蒸散发数据，分别在子流域尺度、HRU 尺度验证 SWAT 模型的模拟效果。图 3-20 显示了原始及改进后的 SWAT 模型在这两种尺度上的 *ET* 模拟效果。在 HRU 和子流域中，改进后的 SWAT 大部分的 R^2 值和 NSE 值均大于原始 SWAT，且大多数的 PBIAS 值的绝对值较原始 SWAT 的小。在 HRU 和子流域空间分布上，研究区北部的模拟效果始终优于南部。

如表 3-17 所示，在 HRU 尺度上，原始 SWAT 在率定期的 R^2 值主要处于 0.5~0.7 之间，分布面积为 3893.15 km²，R^2 值大于 0.7 的面积为 1311.01 km²，大于 0.5 的 HRU 占总面积的 82.74%。相较于原始 SWAT，改进后的 SWAT 的 R^2 值主要处于 0.7~0.9 之间，分布面积为 3732.63 km²，R^2 值大于 0.5 的 HRU 占总面积的 92.22%。而在验证期，虽然原始与改进后的 SWAT 模型的 R^2 值均主要分布在 0.7~0.9 之间，但是改进后的 SWAT 模型 R^2（5521.41 km²）高值在空间上的分布面积较原始 SWAT（5295.21 km²）大 226.20 km²。对于 NSE 值，在率定期和验证期，原始 SWAT 的 NSE 值大于 0.5 的面积分别为 2076.54 km²、5594.21 km²，改进后的 SWAT 分别为 2744.22 km²、5504.72 km²，两个时期中改进后的 SWAT 对应的 NSE 值大于 0.5 的总面积较原始 SWAT 大 578.19 km²。原始 SWAT 对应的 PBIAS 值在率定期和验证期，处于-20%~20%之间的面积分别为 1504.96 km²、3309.03 km²。改进的 SWAT 分别为 1502.23 km²、2690.50 km²。

表 3-17　原始和改进后 SWAT 模型在 HRU 上模拟月度蒸散量的性能

指标	值	SWAT 类型	面积率定期/km²	面积验证期/km²
R^2	0.1~0.3	原始 SWAT	217.19	3.87
		改进 SWAT	12.71	0
	0.3~0.5	原始 SWAT	868.55	101.00
		改进 SWAT	490.17	120.37
	0.5~0.7	原始 SWAT	3893.15	501.76
		改进 SWAT	2054.39	273.51
	0.7~0.9	原始 SWAT	1311.01	5295.21
		改进 SWAT	3732.63	5521.41
	0.9~1.0	原始 SWAT	0	388.05
		改进 SWAT	250.29	374.60

续表

指标	值	SWAT 类型	面积率定期/km²	面积验证期/km²
NSE	0.1~0.3	原始 SWAT	2091.23	235.63
		改进 SWAT	912.01	348.5
	0.3~0.5	原始 SWAT	1511.30	303.90
		改进 SWAT	2060.35	302.14
	0.5~0.7	原始 SWAT	1818.87	1944.64
		改进 SWAT	2372.35	2522.07
	0.7~0.9	原始 SWAT	257.65	3554.73
		改进 SWAT	363.24	2982.65
	0.9~1.0	原始 SWAT	0	94.84
		改进 SWAT	8.63	0
PBIAS	-20%~20%	原始 SWAT	1504.96	3309.03
		改进 SWAT	1502.23	2690.50
	20%~40%	原始 SWAT	2170.47	2335.94
		改进 SWAT	2375.48	2679.05
	40%~60%	原始 SWAT	2143.73	338.38
		改进 SWAT	1843.10	574.11
	60%~80%	原始 SWAT	462.15	306.55
		改进 SWAT	560.48	339.52
	80%~100%	原始 SWAT	8.59	0
		改进 SWAT	8.62	6.72

为综合评价原始和改进后的 SWAT 模型模拟效果（表 3-18），本研究设置了 R^2 值和 NSE 值均大于 0.5，且 PBIAS 值在-20%~20%之间 3 个条件，以进行模型精度验证。在 HRU 尺度上，改进的 SWAT 在率定期和验证期分别有 37%和 54%的 HRU 同时满足以上 3 个条件。而原始 SWAT 仅有 29%和 46%，较改进后的 SWAT 少。在子流域尺度上，改进后的 SWAT 在率定期和验证期分别有 12 个和 19 个子流域的 R^2 值和 NSE 值均大于 0.5，PBIAS 值 处于-20%~20%之间。而对于原始的 SWAT，同时满足以上 3 个条件的子流域为 9 个和 20 个。综上，改进后的 SWAT 模型在模拟月 *ET* 方面较原始 SWAT 具有更好性能。

表 3-18　原始和改进后的 SWAT 模型在子流域上模拟月度蒸散量的性能

指标	值	SWAT 类型	子流域数量 率定期	子流域数量 验证期
R^2	>0.5	原始 SWAT	28	29
		改进 SWAT	28	29
NSE	>0.5	原始 SWAT	18	28
		改进 SWAT	18	25
PBIAS	−20%～20%	原始 SWAT	9	20
		改进 SWAT	12	19

3.7　讨论

原始 SWAT 模型估算的 LAI 主要受土地利用/覆盖类型、水胁迫、温度胁迫、氮胁迫、磷胁迫的影响。但是巴音河流域仅有一个气象站，且几乎所有植被均为自然植被，无人工施肥。因此，原始 SWAT 估算的 LAI 空间分布取决于土地利用/覆盖类型，即同种土地利用类型下的 LAI 值都是相同的，空间特征随时间变化不明显。然而实际条件下同种土地覆盖的植被覆盖度具有时空异质性。改进后的 SWAT 结合了基于遥感的高时空分辨率 LAI，在空间上植被覆盖度具有异质性，且空间特征随植被生长周期变化而变化，克服了原始 SWAT 模型在表达植被覆盖度方面的局限性。

大多数基于遥感的 LAI 产品在空间上存在像元缺失，且还存在明显高估或低估的现象。相较而言，本研究使用的 GLASS LAI 时空上完整，且不确定性较低，在中国范围内具有较高精度。将 GLASS LAI 进行降尺度处理，获取的高时空分辨率 LAI 可减少 SWAT 模型中错分的 HRU 边界数量。

已有相关研究将 SWAT 模型与 MODIS LAI 进行耦合用于植被动态特征模拟，以更真实地捕获植被生长状况，提高了模型在特定区域的适用性。但这些研究集中在热带、亚热带地区的常绿森林。此外，MODIS LAI 在我国西北部草地生态系统中的适用性较差。本研究选取的 GLASS LAI 被证实可较好地捕捉我国区域内不同生态系统的植被覆盖特征。降尺度后的高时空分辨率 LAI（1 d/30 m）可捕捉更细节的 LAI 时空变化特征，亦更契合于 SWAT 模型的空间分辨率及时间步长。

草地和裸地是本研究区（巴音河上游）主要的土地覆盖类型。通过遥感 LAI 能够获取到草地和裸地植被覆盖信息。然而，受到气候变化以及人工植被恢复措施的影响，巴音河流域大面积的裸地转化为草地。本研究使用的基于遥感的高时空分辨率 LAI，可以成功捕捉这些变化。基于高时空分辨率 LAI 可以更精确的模拟研究区草地冠层截留损失、土壤含水量、水分平衡等，进而提高河道径流量的模拟效果。

如前所述，改进后的 LAI 可影响 SWAT 模型中冠层截留损失、土壤含水量等过程的模拟。且 LAI 的时空准确性被证实对 SWAT 模型预测起着重要作用。此外，由于 SWAT 模型利用修正的通用土壤损失方程（MUSLE）计算了由降雨和径流造成的侵蚀，因此，侵蚀过程也会受到影响。而在 MUSLE 中，预测的年平均总侵蚀量还被作为了径流因子的函数。因此，当使用基于遥感的高时空分辨的 LAI 时，模拟受植被覆盖影响的径流量、泥沙含量以及 *ET* 具有更高的准确性。

降水数据是影响 SWAT 模型模拟性能的重要因素。本研究发现在巴音河上游基于实测降水数据建立的 SWAT 模型较 TRMM、GPM、CMORPH、CHIRPS、MSWEP 降水产品具有更好的模拟效果。这与在中国西河流域、缅甸伊洛瓦底江流域、意大利阿迪杰河流域、巴基斯坦波托瓦尔高原、尼泊尔卡纳利河流域、美国塞内卡河流域、伊朗马哈鲁湖盆地、中国西南部澜沧江流域等区域的研究结果一致，均表现为实测降水数据较遥感产品能更好驱动 SWAT 模型。为减小降水数据的误差，绝大多数研究对降水数据进行了校正，但各校准方式和机理均不同。其中，Tuo 等考虑到高山地区降水资料稀缺，无法准确捕获地形效应，故基于高程带对降水进行了修正，较未校正的模拟效果有明显提高。Musie 等发现在地形复杂的山区，地形和海拔的变化对降水数据具有很大影响，是 SWAT 模型不确定性因素之一。因此，当基于海拔变化对实测降水数据进行校正时，模拟效果明显优于仅依赖于气象站数据校正的遥感降水产品。而本研究在采用基于站点的实测降水数据驱动 SWAT 模型的同时，根据已有研究对降水依海拔梯度的变化进行了修正，这在一定程度上提高了实测降水数据的代表性。

对于 SWAT 模型的校准与验证，通常使用流域出口的相关观测数据，以提高模型准确性。然而，流域出口的水流量数据数量较少，可能无法进行更详细尺度的模型性能分析，尤其是在检验模型中变异性较大的输入数据时。随着遥感技术的发展，基于卫星遥感的 *ET* 数据因较实测数据具有易获取、时间跨度长、覆盖范围广等优势而被广泛应用。众多遥感 *ET* 产品中，如 MODIS *ET*、GLEAM *ET*、GLDAS *ET*、ALEXI *ET*、SSEBop *ET* 虽已被用于水文模型的校准和验证。但相对而言，SSEBop *ET* 空间分辨率较高（1 km），且具有时间序列长、空间完整、全球覆盖等优点，相关研究证明该产品较其他产品精度更高。故本研究使用了 SSEBop *ET* 产品，分别在子流域和 HRU 尺度上验证了原始和改进后的 SWAT 模型性能，结果显示改进后的 SWAT 模型在模拟月 *ET* 方面优于原始 SWAT。

虽然本研究改进后的 SWAT 模型在性能上有所提高，但还存在以下局限性。

（1）本研究所使用的气象数据仅来源于一个气象站点，虽与多种遥感降水数据进行了对比，证实了实测数据的准确性，但仍可能存在较大不确定性。

（2）本研究采用分段线性内插法将 8 d/30 m 分辨率 LAI 插值为日数据。然而，在实际情况下 LAI 可能不是线性变化的，从而可能会导致一些不确定性。

（3）LAI 作为植物生长状况和植被覆盖的指标，可能不足以反映多物种生态系统中的植被覆盖度。

第 4 章　巴音河中下游水文过程模拟

4.1　MODFLOW 模型简介

由于 SWAT 模型在地下水文循环过程方面存在局限性，因此建立地下水数值 MODFLOW 模型为 SWAT-MODFLOW 耦合模型的建立奠定基础。MODFLOW 模型是由美国地质调查局（USGS）的 Mcdonald 和 Harbaugh 于 20 世纪 80 年代采用 FORTRAN 语言开发的基于物理的分布式三维地下水模型，其通过 GMS（Groundwater Modeling System）集成系统软件模拟地下水。MODFLOW 模型采用有限差分法求解地下水流量微分方程，旨在模拟和预测复杂地下水的流动过程，如河流的补给与排泄、蒸散发、渗漏等对地下水的影响。然而 MODFLOW 模型的局限性表现在它的运行依赖于一些特定条件的输入（补给、蒸散发量等）。MODFLOW 通常以参数的方式来代表这些特定条件，并在模型校准过程中确定参数的值。这些参数经过校准，至符合实际情况时才能提高最终的地下水模拟精度，然而这非常困难。

本研究采用研究区钻孔数据、地下水位观测数据、河网数据、DEM 数据等建立 MODFLOW 模型。模型有效模拟区内各网格单元的补给量和排泄量，即源汇项。源汇项包括降水补给、灌溉补给、浅层地下水的蒸散发、河流渗漏入渗以及地下水与基于水系包的水系网络之间的相互作用等。原始 MODFLOW 模型覆盖整个研究区域，研究区被离散为由 628 行和 680 列组成的有限差分网格单元，横向尺寸为 100 m×100 m。流域受新构造运动的影响沉积了大量第四系松散堆积物，基岩裂隙水主要分布于北部和东部山区，松散岩孔隙潜水主要分布于上游两侧河漫滩与一级阶地及黑石山水库。中下游地区随着地质地貌及岩性的变化，含水层由单层结构变为多层结构。含水层由第四系上更新统冲洪积砂砾卵石、含泥砂卵砾石及中更新统冰水含泥砂卵砾石构成。第四纪下更新统及其下部基岩储水能力较差，可作为蓄水层。因此，含水层垂直离散成一层。模型的模拟周期为 2001～2020 年。

地下水年平均回灌量为 2.865×108 m^3/a，地下水平均排放量为 2.796×108 m^3/a，全区断面径流量为 2.837×108 m^3/a（表 4-1），3 个值基本相等，相对误差在 5%以内，这表明水文、气象学和相关参数是可靠的。

表 4-1　地下水年平均回灌量、地下水平均排放量和全区断面径流量数值

<table>
<tr><td rowspan="4">地下水年平均回灌量/（m^3/a）</td><td rowspan="4">2.865×10^{8}</td><td>河流回灌量</td><td>2.367×10^{8}</td></tr>
<tr><td>灌溉回灌量</td><td>0.161×10^{8}</td></tr>
<tr><td>山地回灌量</td><td>0.279×10^{8}</td></tr>
<tr><td>降水回灌量</td><td>0.058×10^{8}</td></tr>
<tr><td rowspan="3">地下水平均排放量/（m^3/a）</td><td rowspan="3">2.796×10^{8}</td><td>河流排放量</td><td>1.851×10^{8}</td></tr>
<tr><td>*ET* 排放量</td><td>0.594×10^{8}</td></tr>
<tr><td>地下水流量</td><td>0.351×10^{8}</td></tr>
<tr><td>全区断面径流量/（m^3/a）</td><td colspan="3">2.837×10^{8}</td></tr>
</table>

4.2　SWAT 模型及 MODFLOW 模型建模数据介绍

4.2.1　DEM 高程数据

DEM（Digital Elevation Model）数据作为 SWAT 建模的最基础数据之一，对模型模拟的精度有重要作用。本书选取的 30 m 分辨率 DEM 数据来自美国地质勘探局。SWAT 模型根据 DEM 数据提供的连续高程信息，获取到研究区域的地形特征，如坡度、坡向、河网等，以进行子流域划分，最终划分出 33 个子流域。

4.2.2　气象数据

在 SWAT 模型模拟的水文循环过程中，气象数据不可或缺。本研究选取了德令哈气象站点（97°33′40″E，37°21′36″N）逐日的最高气温、最低气温、太阳辐射、相对湿度、降水量和风速等气象数据。

4.2.3　土壤数据

土壤剖面中水和气的时空变化影响水文响应单元中的水循环过程，而土壤的物理属性决定了其运动状态。本研究使用了全国 1∶400 万土壤类型数据，土壤属性数据查阅自《青海土壤》（1997）及《德令哈市志》（2004）。巴音河中下游土壤类型有 5 种，分别是内陆盐土、寒漠土、栗钙土、灰棕漠土和绿洲土。

4.2.4　土地利用数据

SWAT 模型中土地利用分类的要求相对宽泛，本研究将研究区域土地覆盖分成了未利用地、水体、湿地、林地、枸杞、小麦、城镇和草地 8 种类型。

本研究基于 Sentinel-2A 影像数据和野外实地监测数据，结合 NDVI、DVI 和 RENDVI 时间序列数据集，以及波段特征和纹理特征共 23 个特征，采用 RF 进行地物识别，并用混淆矩阵对三者的分类结果进行精度验证。草地和产果地为研究区主要土地利用类型。

4.3 SWAT-MODFLOW 耦合模型建立

SWAT-MODFLOW 耦合模型是采用 Foetran 编程语言开发的具有较好模拟地表水—地下水相互关系效果的耦合模型。SWAT-MODFLOW 耦合模型作为开放源代码可免费试用，该模型是将 SWAT 中基于水量平衡的地下水模块替换为 MODFLOW-NWT，并作为新的子程序进行运行。从而将 SWAT 模型模拟的坡面产流、河流汇流等水文过程与 MODFLOW 模型模拟的地下水水文过程通过地表水—地下水之间交互变量的关系进行耦合。

SWAT-MODFLOW 耦合模型利用了两个模型各自的优点，将由 SWAT 模型计算的基于 HRUs 的地下水补给作为 MODFLOW 模型的输入，MODFLOW 计算出地下含水层与河道之间的地下水流并返回给 SWAT。这样，可以使地下水占主导的流域时空特征得以合理地展现并使水循环过程得以更加准确地模拟。SWAT HRUs 和 MODFLOW 剖分网格在空间上的分布及对应关系如图 4-1 所示。模型模拟的过程如图 4-2 所示，绿色文本、蓝色文本分别为为 SWAT、MODFLOW 模拟的过程，SWAT-MODFLOW 模拟的过程以红色文本显示。子流域河流水位由 HRUs 传递至网格单元，地下水排泄由河流单元传递至子流域，地下水水位由网格单元传递至 HRUs。

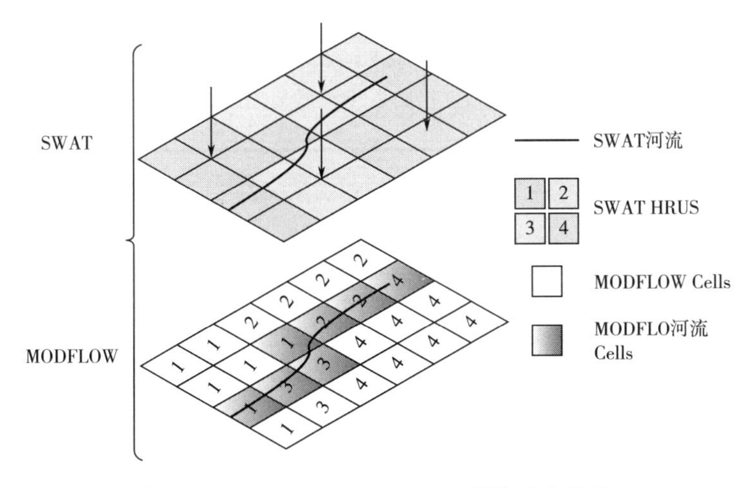

图 4-1 HRUs 与 MODFLOW 网格对应关系

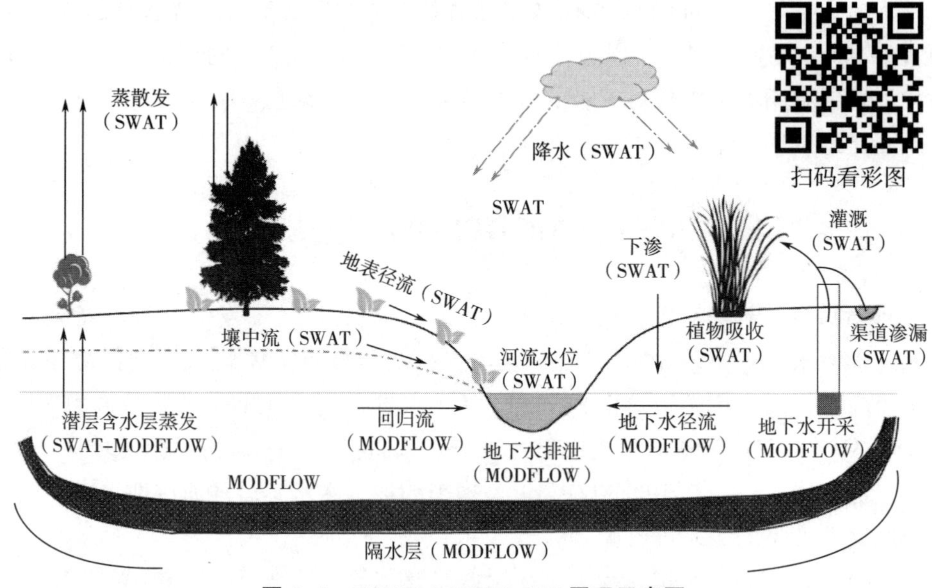

图 4-2　SWAT-MODFLOW 原理示意图

4.4　水文模型参数率定

SWAT 模型参数设置是基于美国水文地质条件开发的，此外，由于不同流域的气候条件及环境因素特征差异，参数适用性不唯一，都会导致模型在该流域模拟结果的不确定性。而通过对模型参数进行率定（校准），调整模型参数，直至模拟值与实测值有较高拟合度，使模型模拟结果更符合流域真实情况。因此，参数率定直接影响到模拟结果的好坏，率定是模型模拟过程中的重要环节。本研究利用 SWAT-CUP（SWAT-Calibration and Uncertainty Programs）软件中的 SUFI-2 算法进行径流量参数的校准和验证，使用基于遥感的 LAI、*ET* 数据、春小麦产量数据对模型进行手动校准。

由于实测径流数据客观及观测方法简单，利用实际径流观测资料对水文模型进行参数率定成为提高 SWAT 模型径流模拟最广泛的手段。本研究采用 2001～2020 年巴音河上游出山口实测径流量率定 SWAT 模型径流相关参数（表 4-2）。

表 4-2　径流相关参数

参数名称	说明
SOL_AWC	可用的水容量
RFINC	月降雨增量

续表

参数名称	说明
GWREVAP	时间步长内潜水含水层回流的水量损失
BLAI	潜在最大叶面积指数
ESCO	土壤蒸发补偿系数
EPCO	植物吸收补偿系数

LAI 是计算地上生物量的可靠指标，作为表征光合作用、蒸腾作用和生物量积累等作物生长过程的重要因子，广泛用于模拟作物生长状况。SWAT 模型计算的 LAI 未考虑降水、地形等因素的影响，在不同区域的适用性有较大的不确定性。而基于遥感的 LAI 产品以其易获取、覆盖范围广、时间连续性等优势，成为替代 SWAT 模型中 LAI 模块、提高模型模拟精度的有效方法。本研究采用 2001~2020 年基于遥感的高分辨 LAI 数据集校准 SWAT 模型 LAI 相关参数（表 4-3）。

表 4-3　LAI 相关参数

参数名称	说明
BLAI	潜在最大叶面积指数
LAIMX_1	叶面积指数曲线上第一个点对应的叶面积指数比例
FRGRW1	叶面积指数曲线上第一个点对应的积温比例
LAIMX_2	叶面积指数曲线上第二个点对应的叶面积指数比例
FRGRW2	叶面积指数曲线上第二个点对应的积温比例
DLAI	叶面积指数开始衰减时对应的积温比例
BIO_E	光合辐射利用率
EXT_COEF	消光系数
GSI	最大气孔导度
HVSTI	收获指数
T-BASE	作物基温

蒸散发作为描述作物和陆地表面水分流失的重要因子，反映了作物生长及土壤水分状况。以蒸散发作为校准变量进行参数率定也是提高流域水文模型模拟准确性的有效方法。较于各种遥感蒸散发产品，利用仪器测量蒸散发的传统方法的人工成本高，观测周期长，加之观测站点稀少等限制，模拟精度难以满足要求。

而基于遥感的各种蒸散发产品因其较广覆盖范围及可靠的精度而具有广阔的应用前景。其中，SSEBop（The Operational Simplified Surface Energy Balance）蒸散发数据克服了计算限制，具有捕捉复杂盆地时空动态的能力和稳定性，在水资源利用趋势分析方面具有良好的效果，是数据稀少地区进行验证的有效方法。本研究首先对巴音河中下游蒸散发相关参数进行了敏感性分析，而后结合 2001~2020 年基于遥感的 SSEBop 蒸散发数据，对前 10 个敏感参数（表 4-4）进行校准。

表 4-4　蒸散发相关参数

参数名称	说明
SOL_BD	土壤湿容重
SLSUBBSN	平均坡长
SOL_K	土壤饱和渗透系数
ESCO	土壤蒸发补偿因子
CH_K2	主河道有效渗透系数
SOL_AWC	土层的有效含水量
SNOCOVMX	100%积雪覆盖时所对应的最少积雪含水量
ALPHA_BF	基流因子
CH_N2	主河道的曼宁系数
CN2	水分条件Ⅱ时的初始 SCS 径流曲线数

根据灌区众多观测井的地下水位深度数据，对 WLSWAT-MODFLOW 模型的地下水相关参数进行调整（表 4-5），以提高模型对灌区地下水的动态模拟精度。在研究区基于空间控制原则选取了 20 个观测井，地下水位数据并未覆盖整个模拟期，观测井 1 仅有 2009~2011 年观测数据，观测井 2、观测井 3、观测井 4 仅有 2013~2015 年月观测数据，观测井 5 仅有 2004~2005 年月观测数据。观测井 6 到观测井 20 有 2001~2014 年月观测数据。对于与表 4-5 重复的参数，进行微调并确保 *ET* 模拟效果不变。

表 4-5　地下水相关参数

参数名称	说明
ALPHA_BF	基流因子
GW_DELAY	地下水的时间延迟
GWQMN	发生回归流所需的浅水水位阈值
GW_REVAP	地下水的 revap 系数
CH_K2	主河道有效渗透系数

SWAT 模型作物生长模块忽略了作物生长的空间异质性，其参数也受温度、湿度、光照时长等复杂环境因素的影响，这些因素加大了模型模拟作物生长状态的难度。此外，研究区经济作物小麦的某些生长参数有别于作物生长模块的参数，作物生长相关参数的校准对于提高产量预测精度是至关重要的。本研究结合研究区田间试验数据及巴音河中下游德令哈灌区及尕海灌区 2016～2020 年春小麦产量统计数据校准春小麦所在 HRU 作物生长参数（表 4-6），以提高模型模拟性能。

表 4-6　作物生长相关参数

参数名称	参数说明
BIO_E	光合辐射利用率
EXT_COEF	消光系数
GSI	最大气孔导度
HVSTI	收获指数
T-BASE	作物基温
IRR_EFM	灌溉效率

通过对模型径流、LAI、蒸散发、地下水位及作物生长等相关参数的校准，提高模拟结果稳定性、可靠性，并用 R^2、NSE 和 PBIAS 系数 3 个评价指标来评价模型的适用性。

4.5　径流模拟效果

图 4-3 显示了参数率定后 2001～2020 年 SWAT 模型出山径流量模拟效果。

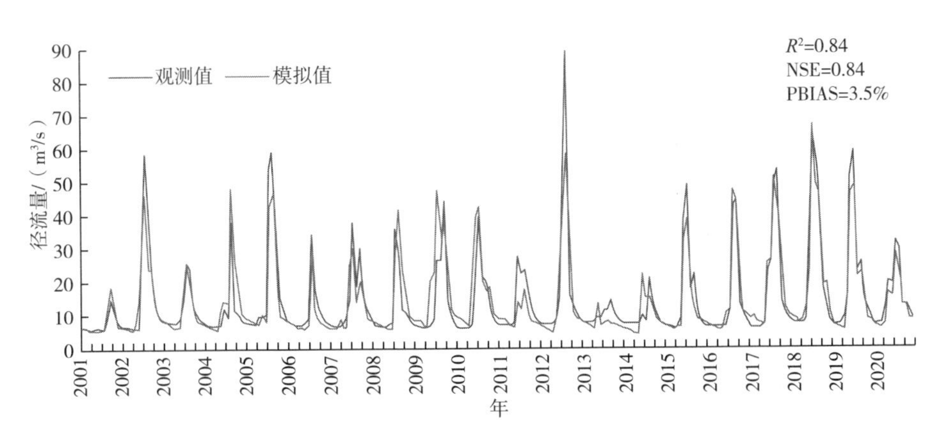

图 4-3　SWAT 模型出山径流模拟效果

其径流量模拟值变化趋势与实测值趋势吻合较好，能够还原流量峰谷变化趋势，说明模型置信度较高。部分模拟值低于观测值可能是由于 SWAT 将径流中渗入深层地下水的水量视为损失量，以及气象监测站点距出山口位置差异导致的峰值偏小。R^2 及 NSE 值达到 0.84，PBIAS 值为 3.5%，说明 SWAT 模型模拟的出山径流量效果较好，能够很好地模拟流域出山径流量变化。

4.6 LAI 模拟效果

图 4-4（a）、图 4-4（b）分别显示了遥感数据反映的和 SWAT 模型模拟的 7 月平均 LAI 空间分布情况。如图所示，在空间上，二者的 LAI 分布特征具有较好的一致性。LAI 值越高表示植被越茂盛，由于灌区光照充足，水资源充沛，适合植被生长，加之人类种植活动的影响，LAI 高值区主要集中于流域中部德令哈灌区和尕海灌区，流域上游出山口及下游地区植被稀疏。

图 4-4（c）显示了流域内 1~12 月平均 LAI 的实测值与模拟值，两者变化趋势基本一致，尤其 6~9 月作物开始生长后及收割前，两者趋势线吻合较好。实测值与模拟值变化趋势均具有明显的季节变化特征，LAI 低值出现在春季和冬季，在 1~5 月和 10~12 月，由于气温较低和降水量少，植被大多处于无叶或少叶的状态。LAI 在 8 月达到全年最大值，流域植被生长旺盛。

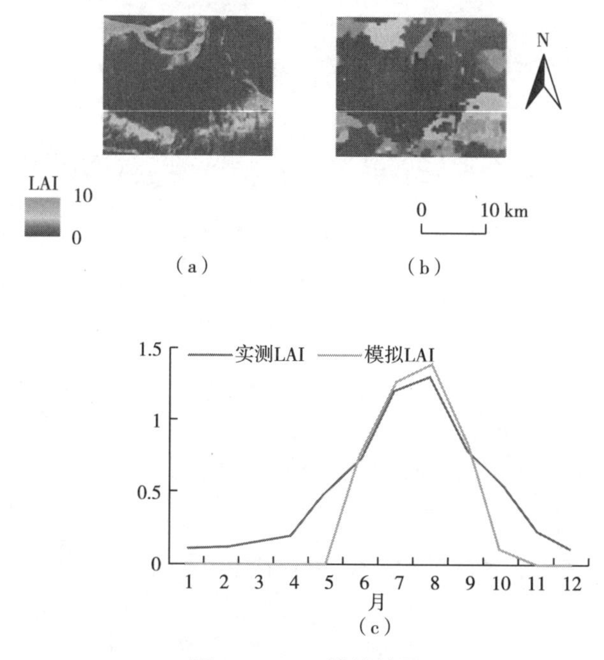

图 4-4　LAI 模拟效果

4.7　*ET* 模拟效果

表 4-7 显示了子流域尺度蒸散发模拟效果。如表 4-7 所示各子流域 NSE 值均在 0.74 以上，一致性较高，流域南部部分子流域 NSE 达到 0.91 以上，模拟效果良好。各子流域 R^2 值在 0.72 以上，模拟值与实测值相关性较强，高值亦出现在流域南部。PBIAS 值除极个别子流域外，均在 −15% ~ 15% 之间。综合看来，WLSWAT-MODFLOW 模型对于 *ET* 的模拟效果较好，尤其是流域南部区域。

表 4-7　*ET* 模拟效果

指标	值	子流域数量	空间分布
NSE	0.74~0.80	3	流域中部
	0.81~0.85	5	流域中部、北部
	0.86~0.90	18	流域中部、北部、南部
	0.91~0.93	7	流域南部
R^2	0.72~0.80	7	流域中部、北部
	0.81~0.85	17	流域中部、北部、南部
	0.86~0.90	5	流域北部、南部
	0.91~0.93	4	流域南部
PBIAS	−20%~−15%	1	流域南部
	−15%~10%	20	流域中部、北部、南部
	11%~15%	9	流域中部、北部
	16%~20%	3	流域中部、北部

4.8　地下水位模拟效果

图 4-5 显示了地下水位模拟效果。地下水位模拟值与实测水位拟合结果较好。各观测井 R^2 均在 0.91 以上，误差均在 0.5 m 以内。这可能是人为测量时仪器使用不标准、观测环境条件不同或模型精度等造成的误差。但从整体上看，建立的耦合模型在模拟和预测地下水位方面具有良好的效果。

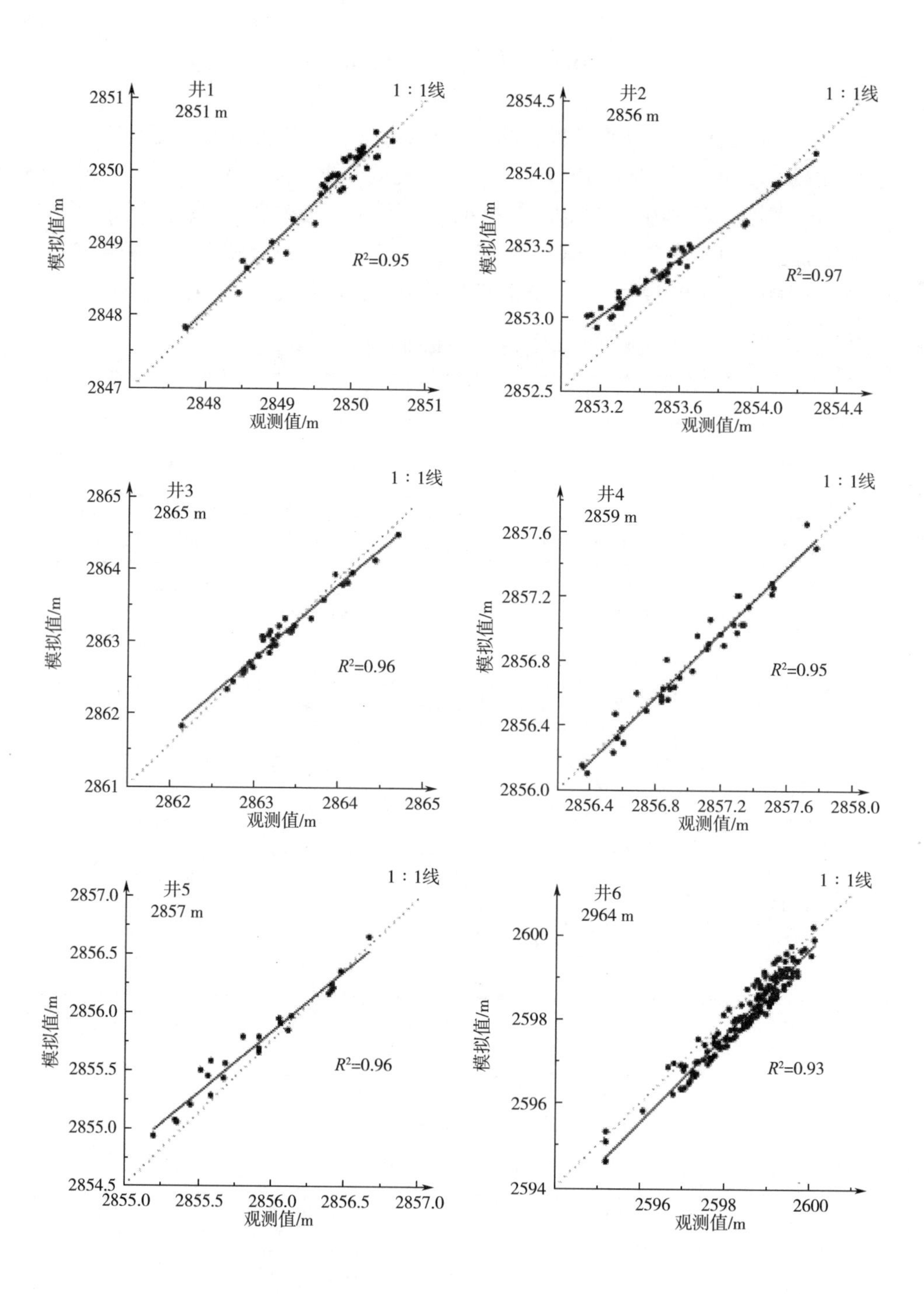
井1
2851 m
1：1线
R^2=0.95
模拟值/m
观测值/m
井2
2856 m
1：1线
R^2=0.97
模拟值/m
观测值/m
井3
2865 m
1：1线
R^2=0.96
模拟值/m
观测值/m
井4
2859 m
1：1线
R^2=0.95
模拟值/m
观测值/m
井5
2857 m
1：1线
R^2=0.96
模拟值/m
观测值/m
井6
2964 m
1：1线
R^2=0.93
模拟值/m
观测值/m

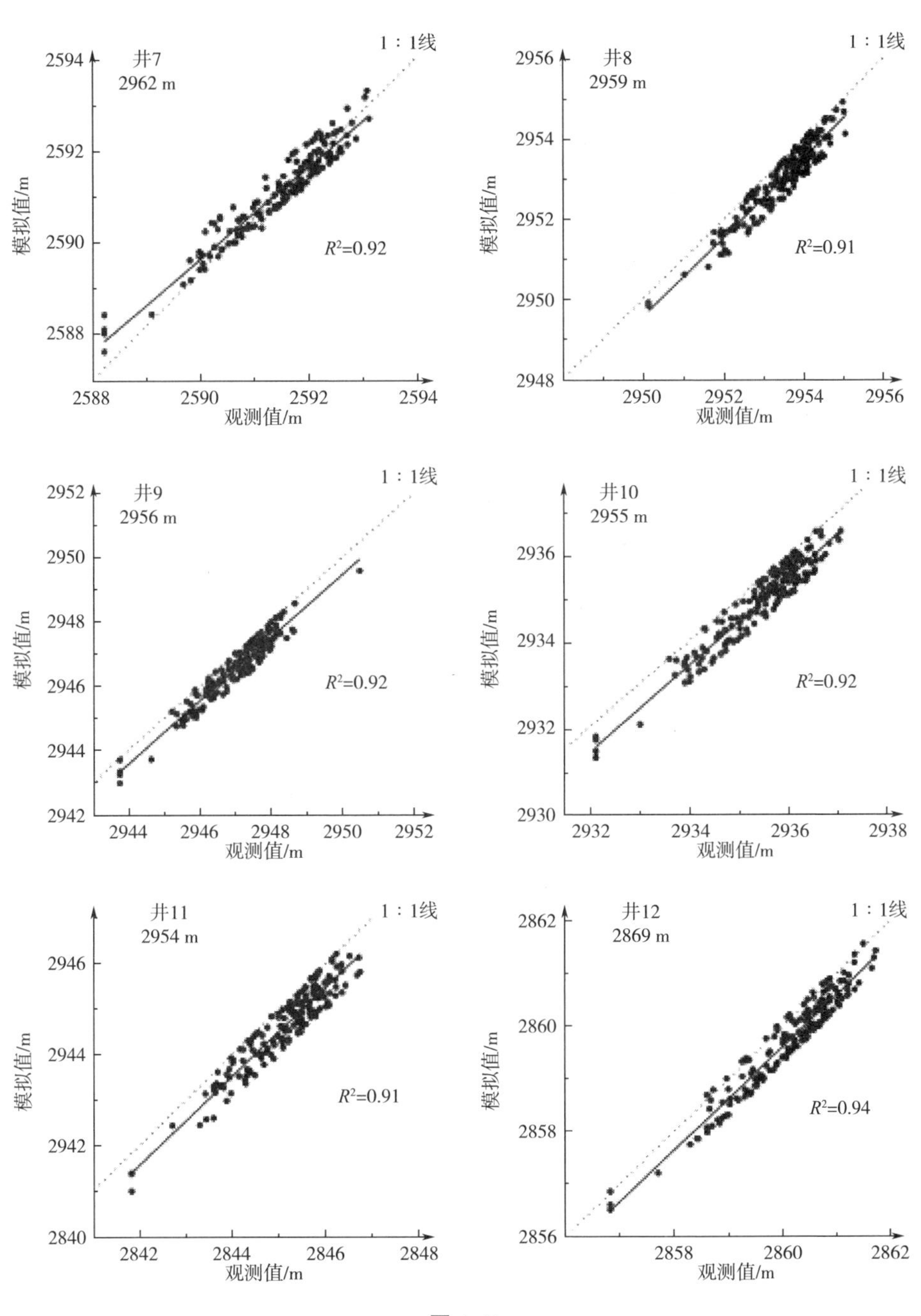

井7
2962 m
1：1线
R^2=0.92
模拟值/m
观测值/m
井8
2959 m
1：1线
R^2=0.91
模拟值/m
观测值/m
井9
2956 m
1：1线
R^2=0.92
模拟值/m
观测值/m
井10
2955 m
1：1线
R^2=0.92
模拟值/m
观测值/m
井11
2954 m
1：1线
R^2=0.91
模拟值/m
观测值/m
井12
2869 m
1：1线
R^2=0.94
模拟值/m
观测值/m

图 4-5

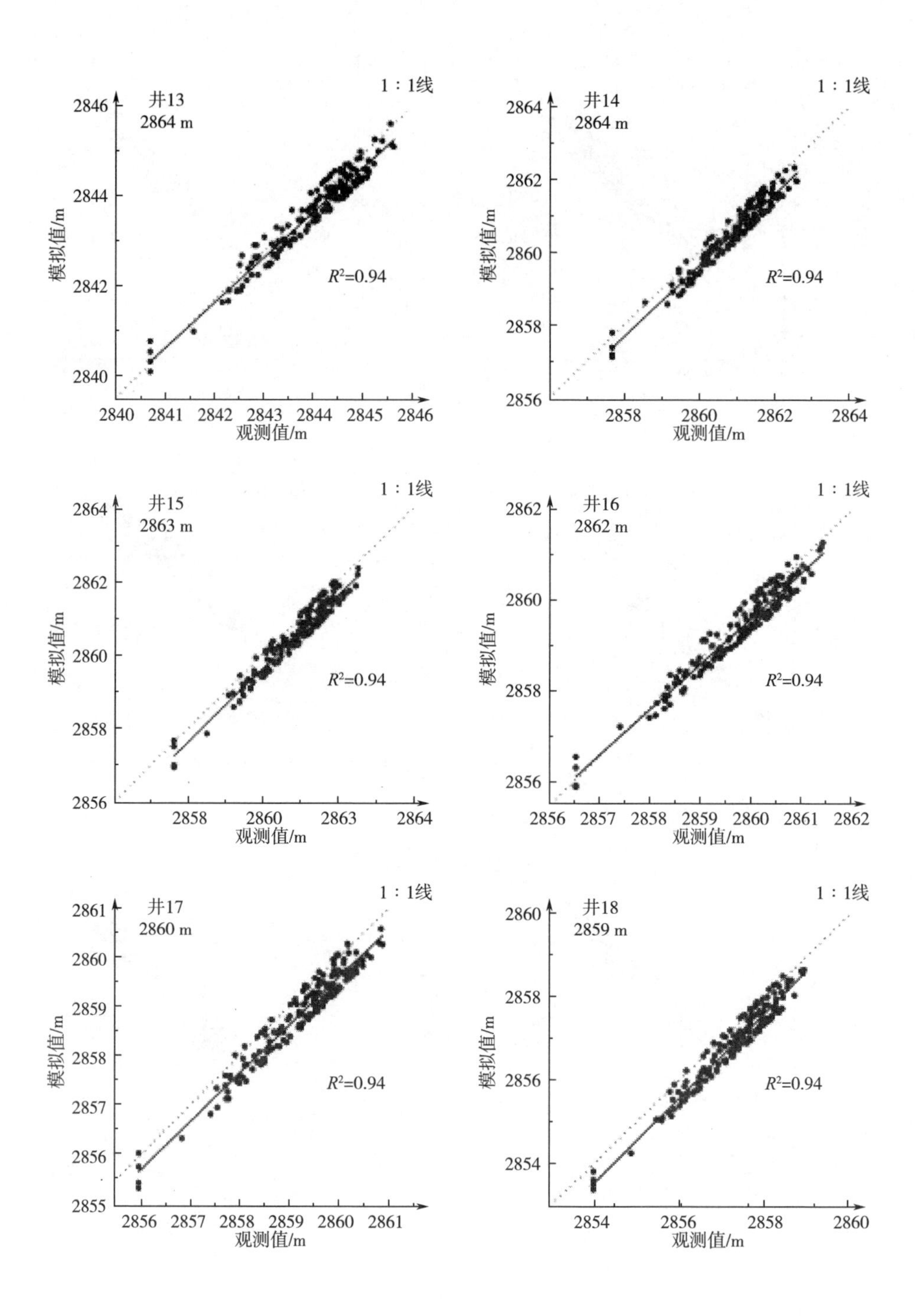
井13
2864 m
1：1线
R^2=0.94
模拟值/m
观测值/m
井14
2864 m
1：1线
R^2=0.94
模拟值/m
观测值/m
井15
2863 m
1：1线
R^2=0.94
模拟值/m
观测值/m
井16
2862 m
1：1线
R^2=0.94
模拟值/m
观测值/m
井17
2860 m
1：1线
R^2=0.94
模拟值/m
观测值/m
井18
2859 m
1：1线
R^2=0.94
模拟值/m
观测值/m

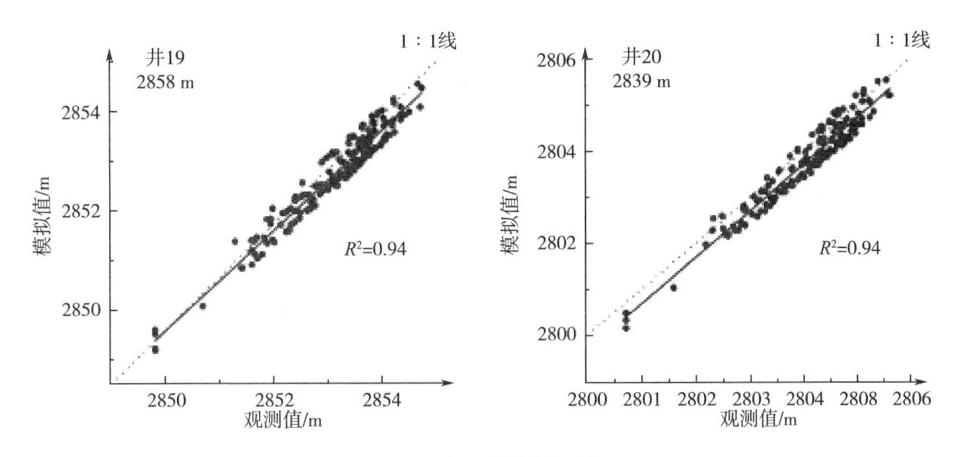

图 4-5　地下水位模拟效果

4.9　作物产量模拟效果

图 4-6 显示了春小麦生长过程模拟结果。研究区春小麦实际产量平均为 21.09 kg/hm²，模拟的春小麦产量平均为 25.82 kg/hm²，平均误差为 4.73 kg/hm²。模拟的春小麦产量略高于实际产量。

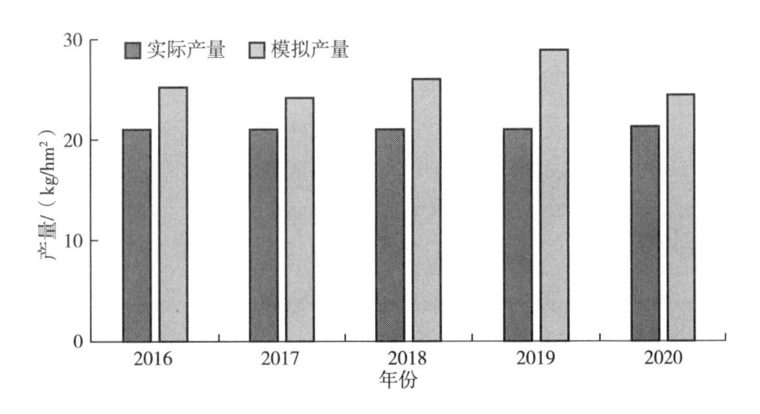

图 4-6　春小麦产量模拟结果

4.10　讨论

获取到作物准确的分布信息能够有效提高 SWAT 模型模拟精度。但相关部门对于作物的统计信息集中于作物产量、物候信息，缺乏基于实地调查的详细作物分布范围。为提高模型模拟性能以及准确识别涝害风险，迫切需要在区域尺度上进行时序作物类型提取。德令哈灌区和尕海灌区作为柴达木盆地东北部重要的农业生产区，小麦和枸杞是其特色经济作物，除此之外，还有青稞和油菜等作物交错种植，种植结构复杂。相较于以往使用低分辨率的 MODIS 影像进行作物分类，Sentinel 系列卫星的红边波段对于作物识别具有敏感性，且其高时空分辨率满足我国以户为种植单位或种植结构复杂的农业区作物类型绘制的要求。但不同地物之间存在异物同谱现象，仅靠光学影像数据很难区分作物类型。近年来，基于高分影像结合机器学习来提高作物的分类精度显示出巨大的应用潜力，通过将植被指数、纹理特征等作为机器学习输入变量以识别不同地物特征，受到学者们的高度关注。但输入参数过多易造成数据冗余，甚至降低分类精度。而 RF 与其他机器学习算法相比，以其计算效率高、可以处理数千个不相关变量的高准确性、数据不宜过度拟合等优势被广泛应用。

如 Tuvdendorj 等以蒙古国北部干旱农业区为研究区，基于 Sentinel-2 计算了多种植被指数，并用 RF 对春小麦和油菜进行分类，分类精度达 93%。美合日阿依·莫一丁等构建了 NDVI 和 RENDVI 时序数据，用 RF 对塔里木盆地中北部棉花作物进行分类，棉花分类精度达到 91.02%。与上述研究相比，本研究基于多时相 Sentinel-2，既计算了 3 种植被指数，也提取了影像光谱和纹理特征，并对比分析了 RF、SVM 和 ANN 3 种分类方法在研究区的作物提取能力，得到了研究区不同作物的分布范围，各类地物分类相对集中且准确，两个灌区 RF 的分类结果达 94%以上，更加证实了基于 Sentinel-2A 影像结合 RF 分类方法在研究区作物识别具有较好的适用性。但可能由于本研究获取影像未覆盖至作物整个生长季，不同的作物类型和种植模式具有相似的光谱特征，导致枸杞作物的用户精度与制图精度较低，说明作物物候信息对于作物分类至关重要。

尽管 SWAT 模型是模拟和预测水动力学变化的有效工具，但在地下水循环、地下水位预测方面存在明显局限。本研究通过地表水—地下水之间交互变量的关系，将 SWAT 模型与专业的地下水模型 MODFLOW 进行耦合，改进相关水文及作物生长参数，开发了作物涝害识别模块，建立了具有作物涝害识别能力的 WLSWAT-MODFLOW 模型，克服了上述缺陷，为区域涝害预防、治理等提供科学依据。

SWAT 模型因其在流域尺度上能够长时间重现不同条件下的水循环，成为使用最多的水文模型之一。但由于研究区观测数据不足、自然条件及人类活动等因素，使水文循环过程复杂化。模型参数无法轻易确定，也随流域特征而变化，因此校准是提高模型模拟精度的重要步骤。传统方法是基于河道径流量进行参数校准，使观测值与模拟值尽可能接近，以此来寻找最优参数。但部分地区水文监测站点少，无法提供详细的水流信息。而且巴音河中下游属于径流耗散区，河道径流量小，仅利用径流数据校准模型会降低区域内其他相关水文过程的模拟效果，在该研究区不适用。相关研究也表明仅调整单个变量参数以校准水文模型会导致子过程的模拟存在不确定性。目前，多变量参数校准是数据匮乏地区提高水文模型模拟精度的有效方法。本研究采用了基于遥感的 LAI、*ET* 数据、春小麦产量数据、点尺度地下水位数据，分别在 HRU 尺度、子流域尺度及点尺度对巴音河中下游 WLSWAT-MODFLOW 模型相关参数进行了校准。LAI 是表征作物生长状况的重要参数。*ET* 能够表征陆地和大气之间水和能量的转移，也是评估不同作物耗水需求和农业管理实践的重要参数。校准作物产量数据能够降低模型模拟的不确定性。地下水位与土壤表面的接近程度对土壤性质、作物生长和营养物质运输有不同的影响。这种多尺度、多过程的模型校准方式可为资料缺乏区域生态—水文过程模拟提供参考。结果显示本研究开发的 WLSWAT-MODFLOW 模型对巴音河中下游出山径流、LAI、*ET*、春小麦产量、地下水位具有较好的模拟效果，对于不同气候情景下作物涝害风险区也有较好的评估及预测。出山口径流模拟值与观测值相关性强，拟合度好，但可能由于 SWAT 将径流中渗入深层地下水的水量视为损失量，以及气象监测站点距出山口位置差异，致部分模拟值低于观测值。LAI 实测值与模拟值的变化趋势基本一致，由于 8 月流域植被生长旺盛，LAI 达到全年最大值。地下水位模拟值与实测水位拟合效果较好，但可能由于人为测量时仪器使用不标准、观测环境条件不同或模型精度等因素导致各观测井产生较小的误差。模拟的春小麦产量略高于实际产量，这种误差可能受到了模型结构的影响，也可能由于模拟过程中忽略了温度导致的水分胁迫，进而造成产值偏大。此外，以上相关参数的校准都被证实了能够提高模型的模拟精度。德令哈市有关部门实际测量的尕海灌区近年涝害受灾耕地面积为 10.17 km^2，本研究模拟的历史时期作物涝害风险面积为 10.9 km^2，二者仅相差 0.73 km^2，这也是本研究模拟的历史时期涝害风险区面积较为准确的有力证明。

气候变化引起的地下水位上升，导致巴音河中下游灌区部分作物遭受涝害胁迫，抑制了作物生长。因此，预测气候变化成为水文循环过程及作物生长状况模拟的关键环节。青藏高原地区存在观测资料缺乏的局限性，模拟成为研究该地区气候变化的重要方法。同时，气候变化具有复杂性和不确定性，不同区域的气候变化特征也不一样，选择合适的气候预测方法至关重要。CMIP6 能够模拟长期历史气候，预测未来气候变化情景，并被证实在青藏高原地区具有很好的模拟效果。CMIP6 中的 BCC-CSM2-MR 模式在干旱和半干旱地区得到了满意的模拟效果。因此，本研究基于 CMIP6 中 BCC-CSM2-MR 模式下 SSP1-2.6、SSP2-4.5、

SSP5-8.5 三种气候变化情景，利用开发的 WLSWAT-MODFLOW 模型对作物生长过程和流域水文过程等进行准确模拟，并预测作物涝害风险区，可为地下水占主导地位的干旱地区评估内陆河流域地下水水位上升引起作物内涝风险的研究提供参考依据。各情景下，作物涝害面积都先呈现出最大面积，后变化为最小面积，可能与总体气温、降水上升以及人类活动相关。作物涝害区面积变化基本与巴音河上游出山径流量（即中下游入流量）变化相一致，说明巴音河中下游地下水位变化主要受上游出山径流量影响。

虽然本研究开发的 WLSWAT-MODFLOW 模型在性能上有所提高，但还存在以下不足：

①SWAT 模型中，除部分水热参数外，最大根系深度是影响根系生长过程模拟的重要参数。而 SWAT 模型默认的植物数据库中并未包含枸杞这种多年生作物，研究采用了 SWAT 植物数据库中的灌木相关参数表示枸杞，会影响到模型对作物生长的模拟效果。根据前期田间观测，设定枸杞根系深度为 4000 mm，仅因各 HRU 土层厚度而变。春小麦根系深度为 1600 mm。

②巴音河中下游采用较为粗放的大水漫灌，该灌溉方式可能对流域地下水位产生不可忽视的影响，同时该种灌溉方式下的灌溉水量难以准确获取。本研究所采用的基于田间持水量自动确定的灌溉水量与实际灌溉水量可能存在较大差别，会影响到模型的模拟效果。本研究所开发的作物涝害风险识别模块，先忽略地下水对根区土壤水分的补给，以获得无地下水影响下的作物最佳灌溉水量，并认为在该灌溉模式下作物既不缺水也无多余水分。再将该灌溉量输入 SWAT-MODFLOW 模型中，模拟地下水位变化情况。实际上，该模块将“水分过多”的影响直接定义为作物遭受涝害，而忽略了其中的机理。

第 5 章　巴音河中下游植被覆盖变化情况

本研究主要从土地利用/覆被类型转化情况以及植被覆盖度变化情况两方面探讨巴音河中下游植被恢复特征。

5.1　巴音河中下游土地覆被类型变化

基于 2001 年和 2019 年土地利用/覆被数据提取了研究区土地利用转移矩阵（表 5-1）。2001～2019 年，土地覆被类型发生了明显变化。其中，草地、建设用地、林地和水体面积增加，2019 年建设用地、林地和水体地面积约是 2001 年的 5.41 倍、2 倍和 2.35 倍，草地面积增加了 98.96%；裸地和耕地面积减少，分别减少了 30.75%和 52.88%。本研究主要关注植被覆盖增加对流域地下水补给的影响。故将 2001 年及 2019 年土地利用/覆被数据进行空间叠加，提取研究区植被恢复斑块。其中，草地恢复主要在流域北部及东南部山区，林地恢复主要在流域中部农业区。

表 5-1　2001～2019 年土地利用转移矩阵

2001 年	2019 年						
	草地	城乡、工矿、居民用地	耕地	林地	裸地	水体	总计
草地	143.75	2.57	23.22	4.48	480.47	3.15	657.65
城乡、工矿、居民用地	22.07	6.82	21.76	1.31	57.48	0.62	110.06
耕地	2.12	1.65	42.49	0.80	6.60	0.04	53.72
林地	5.67	1.00	9.17	1.39	22.02	0.09	39.33
裸地	156.22	4.59	16.16	1.64	754.97	1.13	934.70
水体	5.73	0.55	1.19	0.22	15.29	2.60	25.59
总计	335.57	17.17	114.00	9.83	1336.83	7.64	1821.04

5.2 巴音河中下游植被覆盖度时空变化

图5-1显示了基于GLASS LAI数据集的2001年及2019年研究区7月平均LAI空间分布情况。从空间上看，研究区北部高海拔山区、中部农业灌区、中南部地下水位高值区植被覆盖状况相对较好，这些区域2019年7月植被覆盖度明显高于2001年同期。2001年研究区7月（植物生长旺季）平均LAI值为4.37，2019年7月平均LAI值为5.63，比2001年增加了28.83%。这与巴音河流域人工植被恢复及气候暖湿化有关。

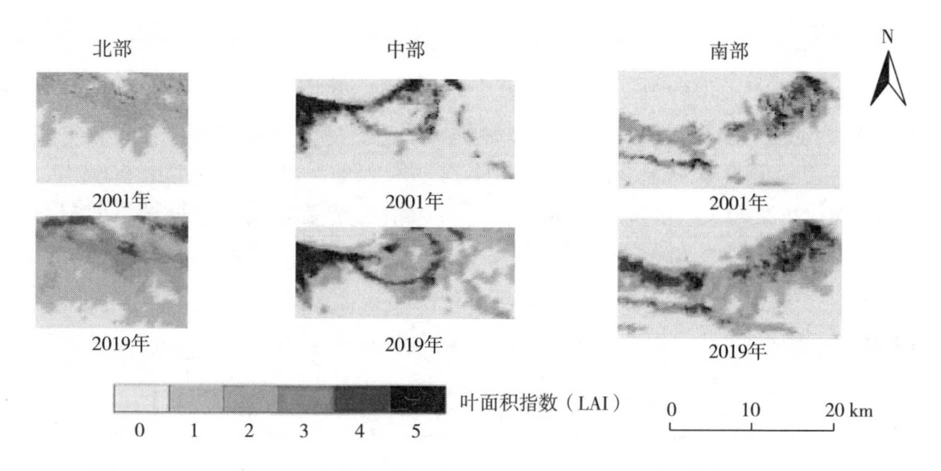

图5-1 2001年及2019年巴音河中下游年平均LAI空间分布

第6章　巴音河中下游植被覆盖增加对水文过程的影响

6.1　植被覆盖增加对蒸散发及地下水补给的影响

6.1.1　DVSWAT-MODFLOW 蒸散发模拟效果评价

巴音河流至中下游后大量渗漏，补给地下水。故河道径流量较小且无观测数据。基于河道径流数据的传统参数校准方法难以适用。本研究基于前述遥感蒸散发数据集校准 DVSWAT-MODFLOW 模型蒸散发相关参数。遥感蒸散发数据集在资料缺乏区水文模型校准中具有重要应用。表 6-1 显示了 DVSWAT-MODFLOW 模型的月蒸散发模拟效果。各子流域 R^2 值在 0.83 以上（表 6-1），NSE 值在 0.68 以上（表 6-1），PBIAS 绝对值在 22%以内（表 6-1）。可见模型对于月蒸散发的模拟效果较好。表 6-1 显示了 DVSWAT-MODFLOW 模型模拟的各子流域多年平均蒸散发情况。流域下游子流域地下水位较高，年蒸散发量相对较大，超过 200 mm。个别子流域年蒸发量超过 300 mm，这是相应子流域仅包含耕地且被大水漫灌所致。

表 6-1　DVSWAT-MODFLOW 模型月蒸散发模拟效果

指标	值	子流域数量
R^2	0.83～0.85	7
	0.85～0.87	18
	0.87～0.88	8
NSE	0.68～0.70	5
	0.70～0.80	22
	0.80～0.87	6
PBIAS	0～10%	7
	10%～15%	1
	15%～25%	25

续表

指标	值	子流域数量
ET	153～200 mm	16
	200～250 mm	12
	250～300 mm	3
	300～338 mm	2

6.1.2 DVSWAT-MODFLOW 地下水位模拟效果评价

图 6-1 显示了 DVSWAT-MODFLOW 模型月地下水位模拟效果。20 个地下水位观测井的空间分布较为均匀。其中 1～10 号观测井观测数据涵盖 2019 年各月；11 号观测井观测数据涵盖 2009～2011 年各月；12～14 号观测井观测数据涵盖 2013～2015 年各月；15 号观测井观测数据涵盖 2004～2005 年各月；16～20 号观测井观测数据涵盖 2001～2014 年各月。流域南部观测井较为密集，月地下水位模拟效果相对优于其他区域，R^2 达到 0.95 以上，绝对误差（*AE*）小于 0.35 m。1 号及 17 号观测井的绝对误差较大，接近 1 m。总体上来说，各观测井月地下水位模拟效果较好。

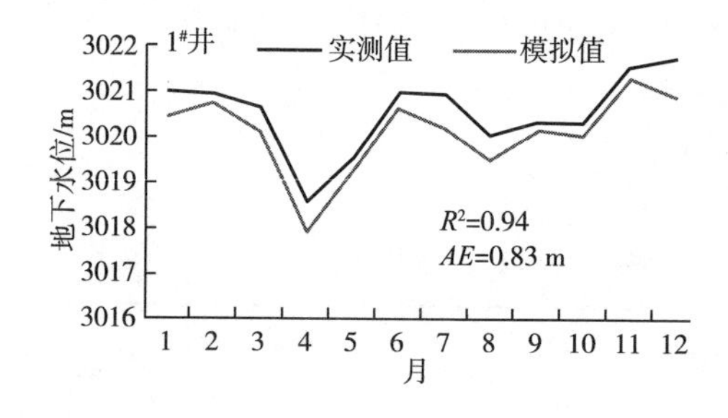

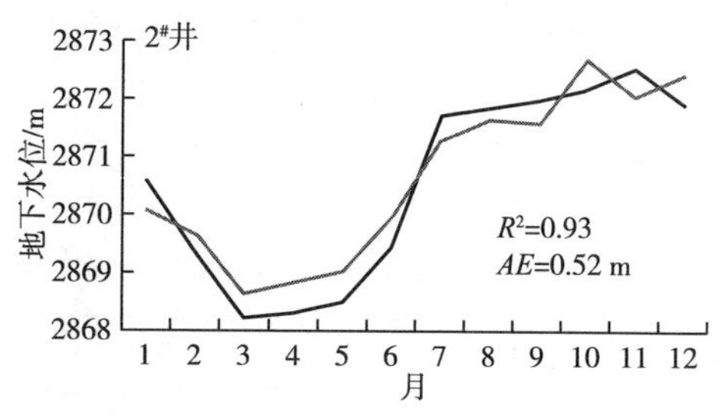

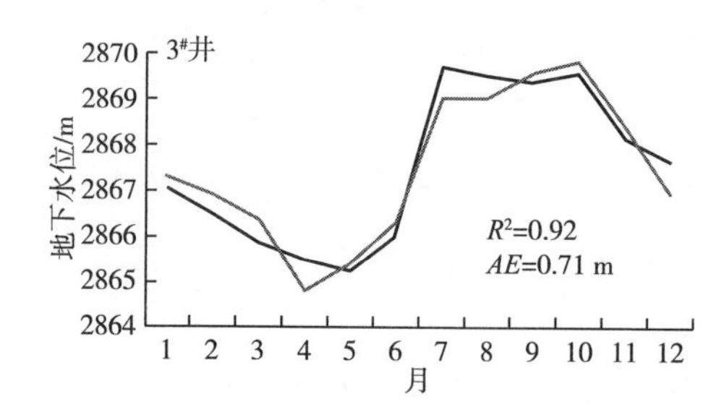

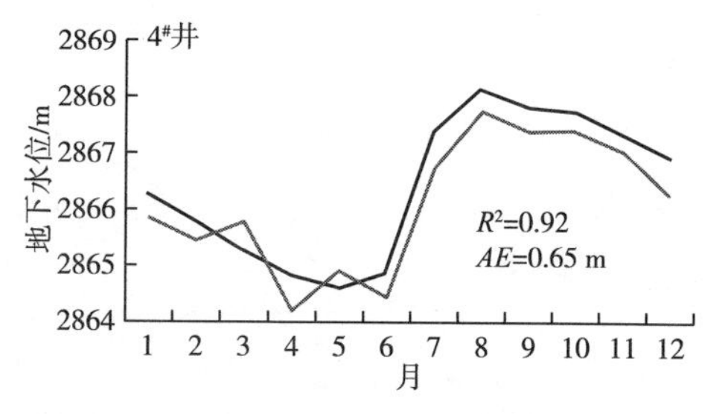

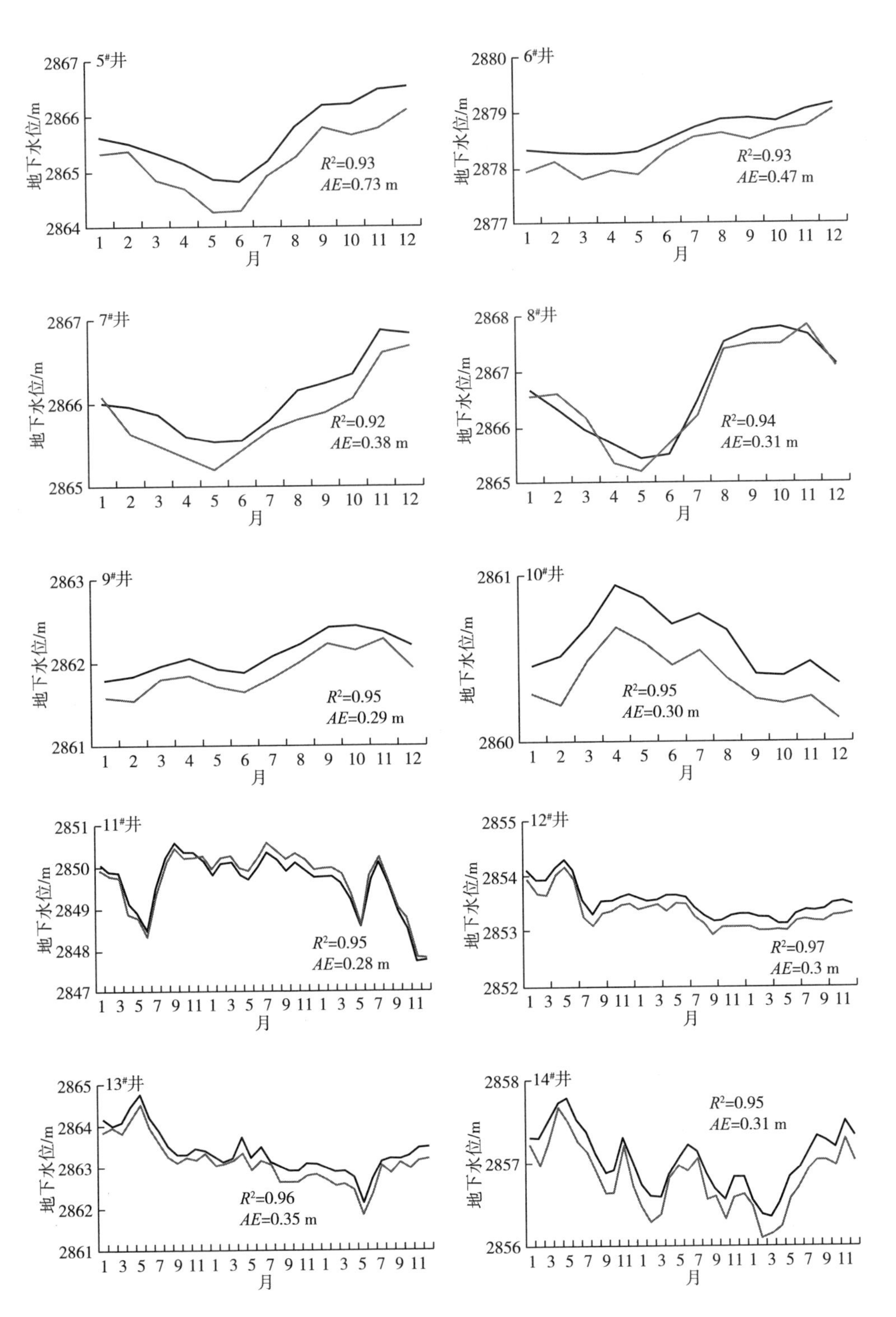

5#井
地下水位/m
月
R^2=0.93
AE=0.73 m
6#井
R^2=0.93
AE=0.47 m
7#井
R^2=0.92
AE=0.38 m
8#井
R^2=0.94
AE=0.31 m
9#井
R^2=0.95
AE=0.29 m
10#井
R^2=0.95
AE=0.30 m
11#井
R^2=0.95
AE=0.28 m
12#井
R^2=0.97
AE=0.3 m
13#井
R^2=0.96
AE=0.35 m
14#井
R^2=0.95
AE=0.31 m

图 6-1

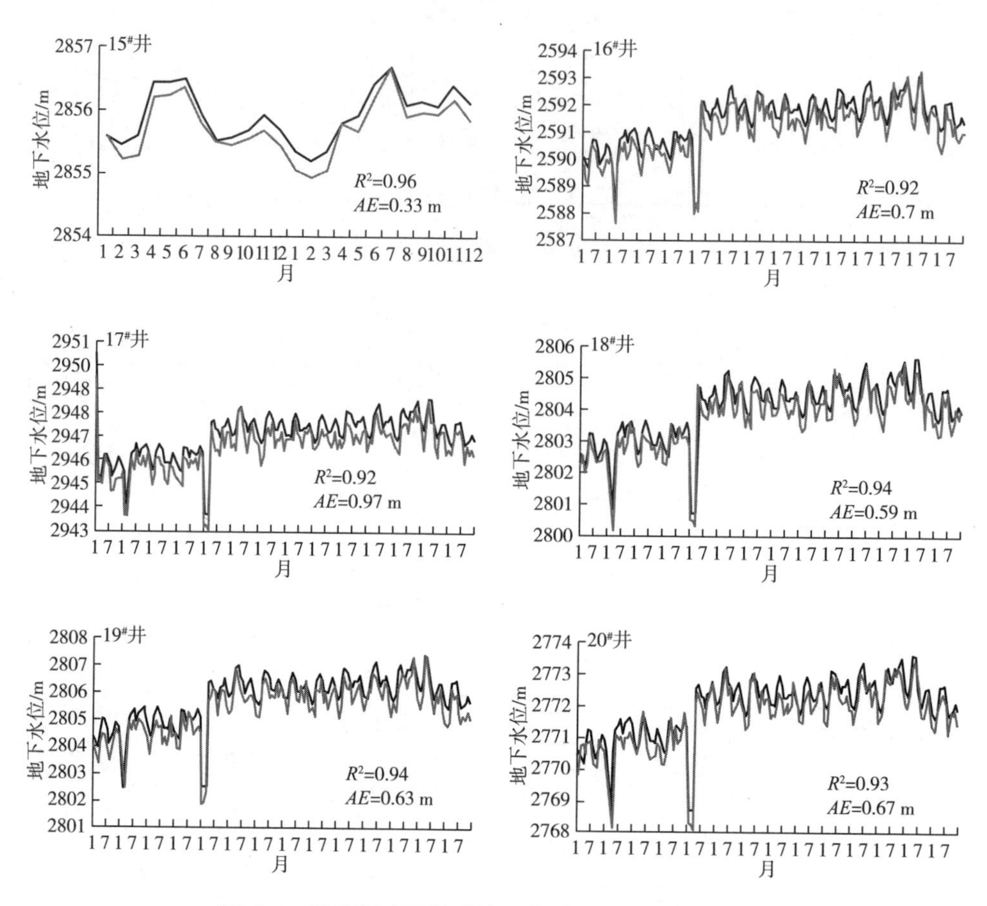

图 6-1 巴音河中下游月地下水位实测及模拟值对比

6.1.3 植被覆盖增加对蒸散发及地下水补给的影响

图 6-2 显示了研究区不同地表植被覆盖类型对应的年平均地下水补给量。为剔除气象因素、坡度、土壤类型等对地下水补给的影响，本研究对具有相同气象条件、土壤类型及坡度的 HRUs 所对应的土地覆被类型进行了统计。在年平均降水量为 244. 23 mm 的情况下，耕地对应的年平均蒸散发量、地下水补给量最大，分别为 393. 12 mm、373. 46 mm，这主要是由大水漫灌所致。裸地对应的年平均蒸发量为 178. 14 mm，年平均地下水补给量为 55. 68 mm。林地对应的年平均蒸发量为 193. 04 mm，年平均地下水补给量为 39. 53 mm。草地对应的年平均蒸发量为 179. 79 mm，年平均地下水补给量为 50. 14 mm。由此可见，研究区地下水补给量的关系：耕地>裸地>草地>林地。这表明巴音河中下游耕地、裸地的大量

减少和草地的大面积增加使蒸散发增加、地下水补给量降低。

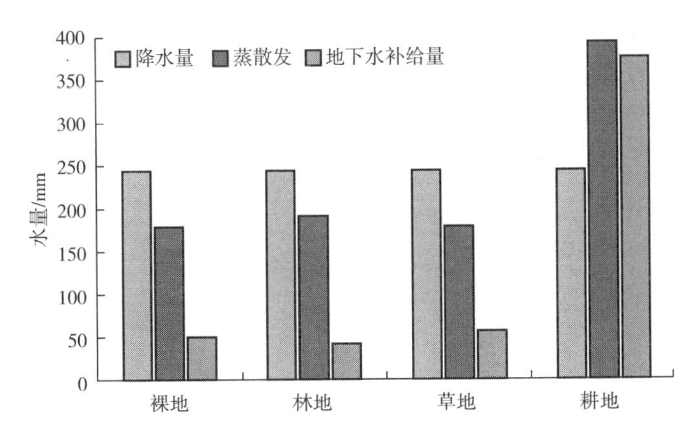

图 6-2　不同地表覆盖类型对应的年平均地下水补给量

为探究巴音河中下游植被覆盖度增加对地下水补给量的影响，本研究选取年平均 LAI 增加较明显的 26 号子流域为典型区（图 6-3），将 2001 年 LAI 与 2019

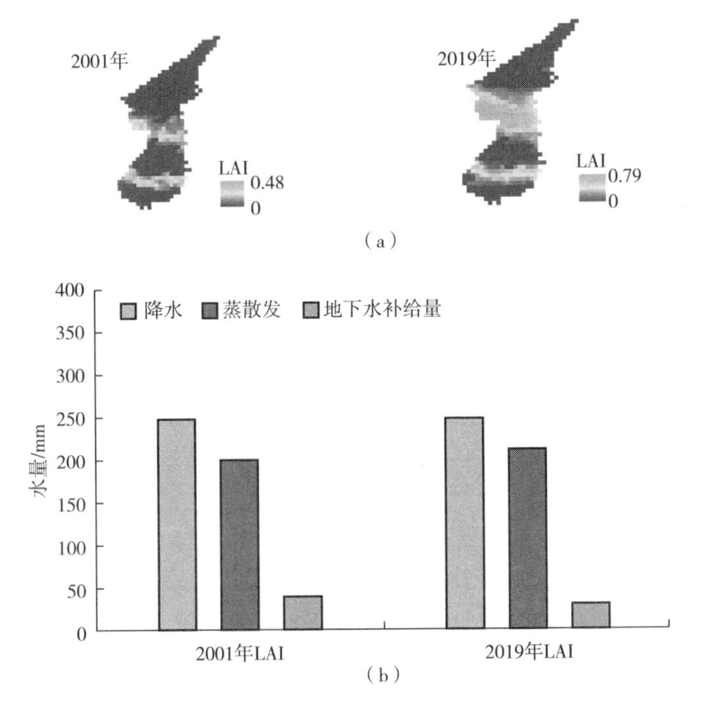

图 6-3　不同植被覆盖度对应的地下水补给量

年 LAI 分别输入 DVSWAT-MODFLOW 模型。结果表明，2001 年该典型区平均 LAI 在 0~0.48 之间，在年平均降水量为 244.23 mm 的情况下，对应的年平均蒸散发量为 195.53 mm，对应的年平均地下水补给量为 38.14 mm。2019 年该典型区平均 LAI 在 0~0.79 之间，在年平均降水量为 244.23 mm 的情况下，对应的年平均蒸散发量为 208.10 mm，对应的年平均地下水补给量为 26.92 mm（图 6-3）。可见植被覆盖度增加使蒸散发量增加，地下水补给量减少。

为在全流域尺度综合探究植被覆盖增加对流域地下水补给的影响，首先基于研究区 2001 年土地利用/覆被数据以及 LAI 数据建立 DVSWAT-MODFLOW1。在保证其他地表特征参数及气象数据等输入参数不变的前提下，基于图 6-2 所显示的植被恢复斑块建立研究区草地、林地面积增加（其他土地利用类型不变）后的土地利用/覆被数据。再结合 2019 年 LAI 数据建立 DVSWAT-MODFLOW2。图 6-4（a）显示了 DVSWAT-MODFLOW1 及 DVSWAT-MODFLOW2 模拟的年际

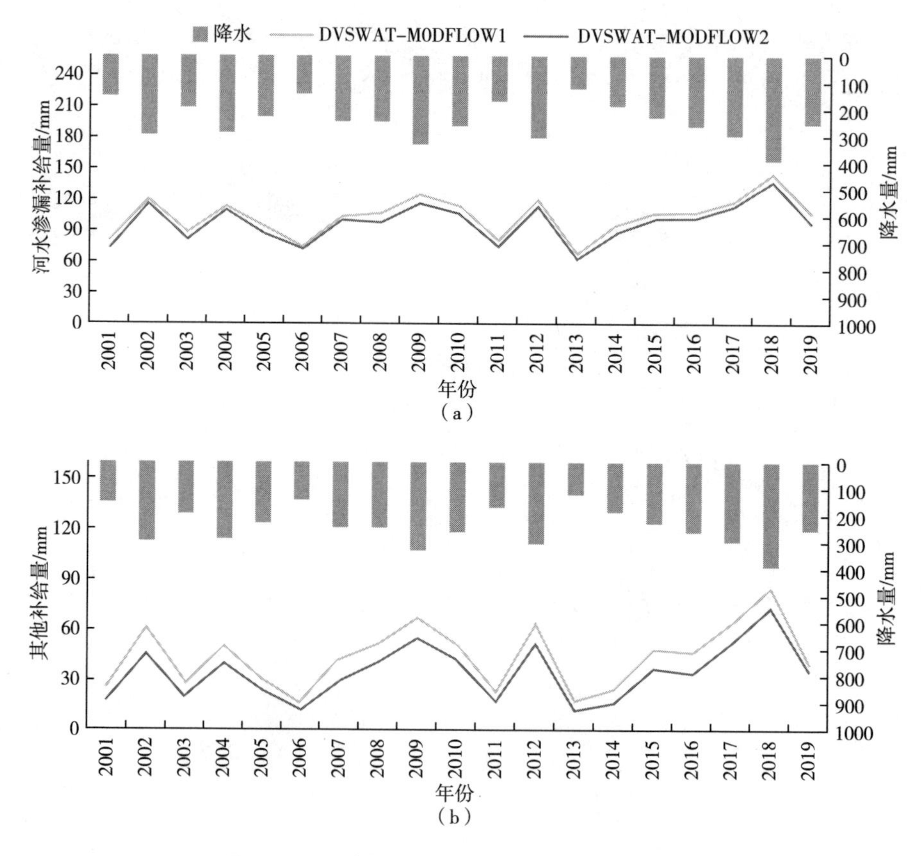

图 6-4　植被覆盖增加对年地下水补给的影响

尺度河水渗漏补给地下水量，表明植被覆盖增加使 2001~2019 年河水渗漏补给量减少。减少量最小值为 2 mm，出现在 2006 年，对应的年降水量也最小，为 143 mm。最大减少值为 10.34 mm，出现在 2019 年，对应的年降水量为 256.5 mm。图 6-4（b）显示了模型模拟的地下水其他补给量（包括降水直接补给、灌溉直接补给等），可见植被覆盖增加后，地下水其他补给量减少 4.1~16.18 mm。最小减少量出现在 2006 年，最大减少量出现在 2002 年，对应的年降水量为 302 mm。可见年降水量可在一定程度上决定植被覆盖增加对地下水补给量的影响强弱。在月际尺度上，植被覆盖增加将使河水渗漏补给量减少 0~7.18 mm［图 6-5（a）］。减少量为 0 的月份一般处于较为寒冷、干旱的植物休眠期或河流枯水期。河水渗漏补给最大减少量出现在 2012 年 7 月，对应的月降水量为 109 mm。此外，植被覆盖增加将使地下水其他补给量减少 0~7.85 mm［图 6-5（b）］。减少量为 0 的月份同样处于较为寒冷、干旱的植物休眠期或其他降水较少时期。最大减少量出现在 2016 年 8 月，对应的月降水量为 113 mm。植被覆盖增加对地下水补给量的影响较强的月份集中于植物生长旺盛且降水较多时期。综合来看，2019 年植被覆盖情况对应的年际及月际尺度地下水补给量较 2001 年分别减少了 6.1~26.52 mm、0~15.03 mm。

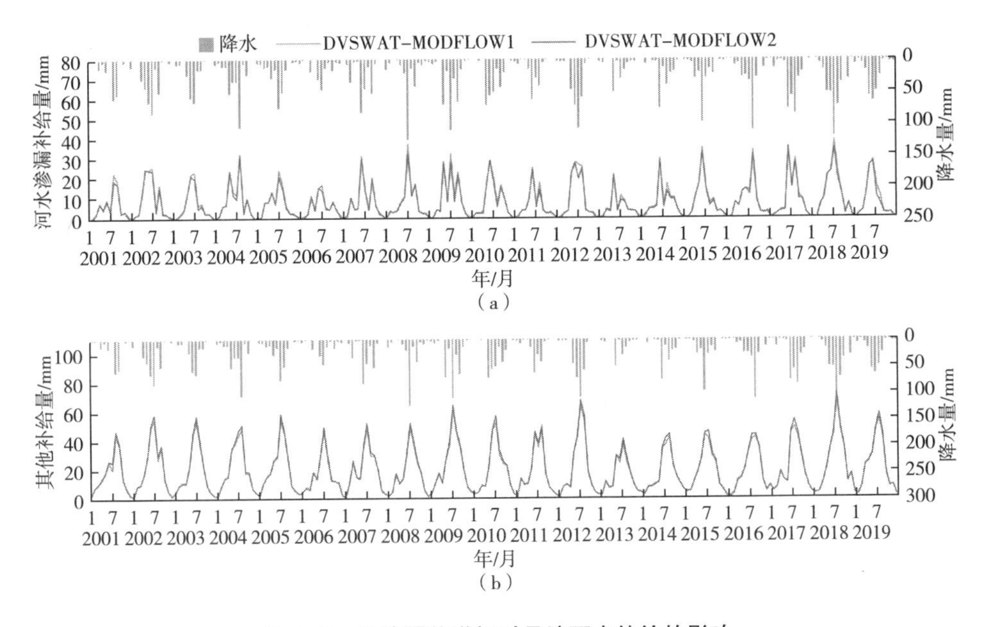

图 6-5　植被覆盖增加对月地下水补给的影响

6.2 植被覆盖增加对巴音河中下游盈水/亏水河段水量的影响

本研究定义盈水河段为地下水补给河水的河段，亏水河段为河道水补给地下水的河段。巴音河是比较典型的盈水河段、亏水河段并存的河流。外部压力的影响可能会对盈水河段及亏水河段的长度、水量等产生影响，从而影响河道水生态。研究植被覆盖增加对巴音河中下游盈水/亏水河段的影响具有重要意义。

6.2.1 植被覆盖增加对巴音河中下游盈水河段的影响

基流是河流流量的重要组成部分，尤其是在干旱区内河流的枯水季。因此，分析植被恢复对这一河流流量组成的影响至关重要。此外，在巴音河中下游，灌溉不仅用于农作物，还用于其他植被（草和树木），而基流很容易受到外部压力（如灌溉）的影响。本研究分析了灌溉和非灌溉两种情景下植被恢复及其灌溉水量变化对基流的影响［图6-6（a）］。将2001年的土地利用/土地覆盖类型和叶面积指数作为SWAT-MODFLOW模型的输入，以呈现研究区域的原始植被覆盖（非植被恢复）。然后，利用2019年的土地利用/土地覆盖类型和LAI更新模型输入，代表植被恢复后的研究区植被覆盖情况。

如图6-6（a）所示，在非灌溉情景下，除4月外，各月平均基流在植被恢复后都有所减少。在巴音河中下游，植被生长发生在5月至9月期间，而在非灌溉情景下，植被恢复对基流的影响直到7月才变得明显。基流从1月至6月减少，从6月至12月增加。然而，在灌溉情景下［图6-6（a）］，情况并非如此。

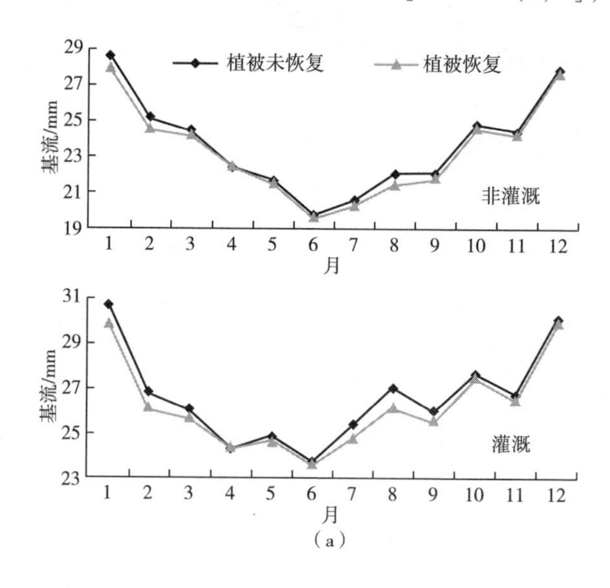

（a）

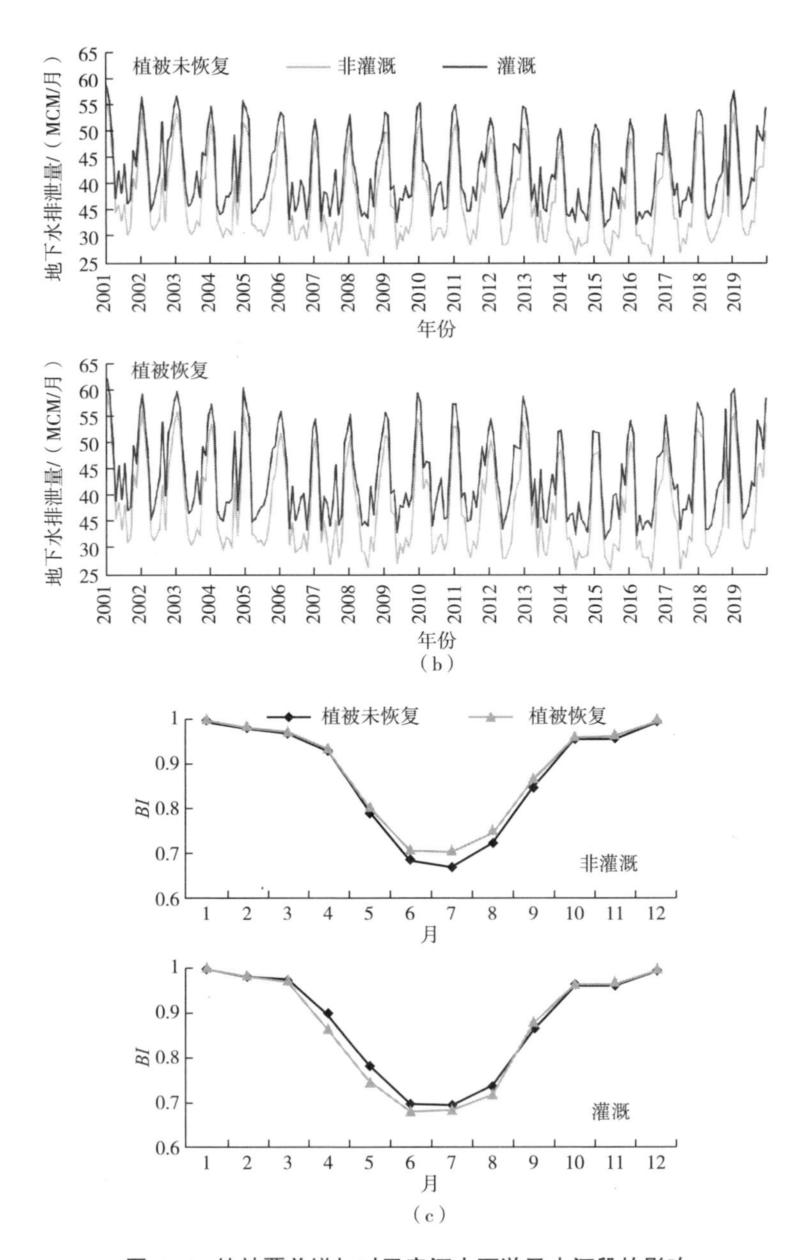

图 6-6　植被覆盖增加对巴音河中下游盈水河段的影响

此外，植被恢复对基流的影响在 5 月（即植物生长和灌溉都开始的月份）变得明显，基流增加，然后在 9 月（非灌溉月份）减少。这表明恢复植被的灌溉改变了基流的季节性变化。图 6-6（b）显示了植被恢复及其灌溉对盈水河段的月地下水排泄量的影响。植被恢复前后基流季节变化的差异较小，但在两种灌溉情景下，低基流月份基流差异更显著。

基流指数（*BI*）是在指定的时间段内基流与总流量之比，它是研究外部压力对地下水资源影响的重要指标。本研究利用 *BI* 进一步表征基流对植被恢复及相应灌溉的反应。在图 6-6（c）中，在非灌溉情景下，植被恢复使 *BI* 从 5 月至 9 月增加，这表明对于这些月份，植被恢复增加了基流在总流量（基流+地表径流+侧向流）中的比例。然而，在灌溉的影响下，植被恢复降低了基流在总流量中的比例。此外，在植被恢复和相关灌溉的共同影响下，最小的 *BI* 值提前了一个月。这清楚地表明灌溉引起了一定程度的地下水补给，并显著改变了流域水循环。

6.2.2 植被覆盖增加对巴音河中下游亏水河段的影响

图 6-7 展示了植被恢复及相应灌溉对亏水河段地下水补给的影响。在无植被恢复和植被恢复情景下，灌溉和非灌溉情景之下亏水河地下水补给的差异范围为 0~12 mm，多数月份的差异小于 1 mm。与盈水河段的基流［图 6-6（b）］相比，差异较小。这表明亏水河段植被恢复及相应灌溉对地下水补给的影响较小。

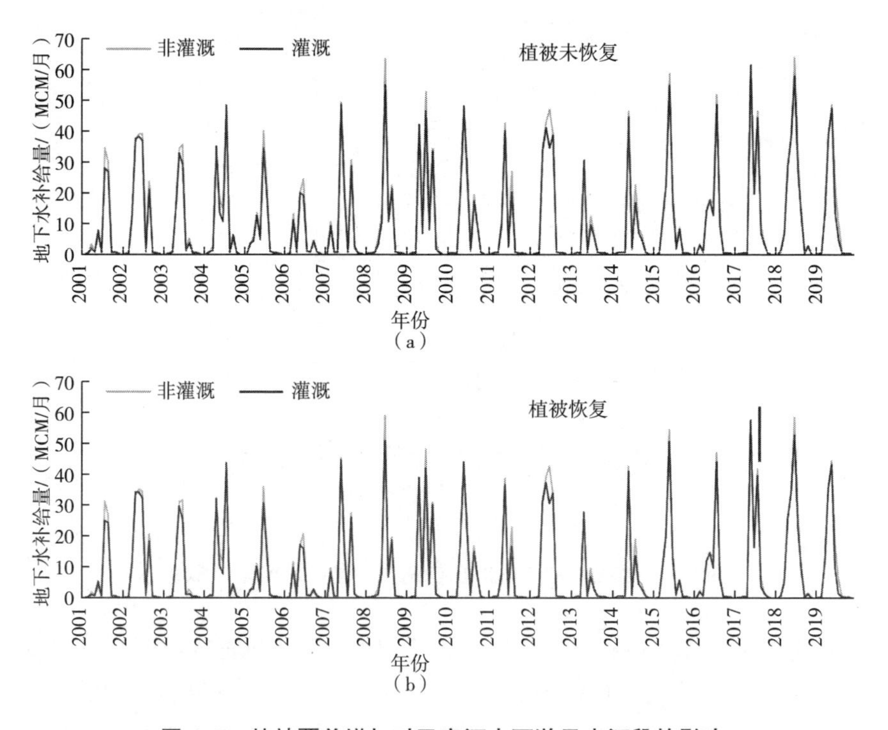

图 6-7　植被覆盖增加对巴音河中下游亏水河段的影响

6.2.3　植被覆盖增加对巴音河中下游盈水/亏水河段空间分布的影响

SWAT-MODFLOW 耦合模型生成了高分辨率的河流—地下水交换空间分布信息。在本研究中，通过叠加 SWAT 河流和 MODFLOW 网格，获得了 1868 个河段和相邻含水层的详细信息，其中分别有 388 个盈水河段和 1480 个亏水河段。植被恢复及相应灌溉下盈水河段和亏水河段的水交换情况如图 6-8 所示。河流中的水交换主要发生在巴音河的主河道中。如图 6-8（a）和图 6-8（b）所示，随着植被恢复及相应灌溉的进行，地下水排入河流的量和盈水河段的数量（特别是在南部河流中）增加。地下水位的上升增加了河流补给量，并逆转了地表水和地下水之间的交换流方向。对于图 6-8（c）和图 6-8（d）中显示的亏水河段，植被恢复减少了来自河流的地下水补给，而植被灌溉则加剧了补给的减少。植被恢复可以减少地下水补给，因为植物根系从土壤中吸收水分，减少了进入河流的水量，并且河水的减少会降低地下水补给。灌溉后，从河流流向地下水系统的水量被灌溉水取代，进一步降低了地下水补给。

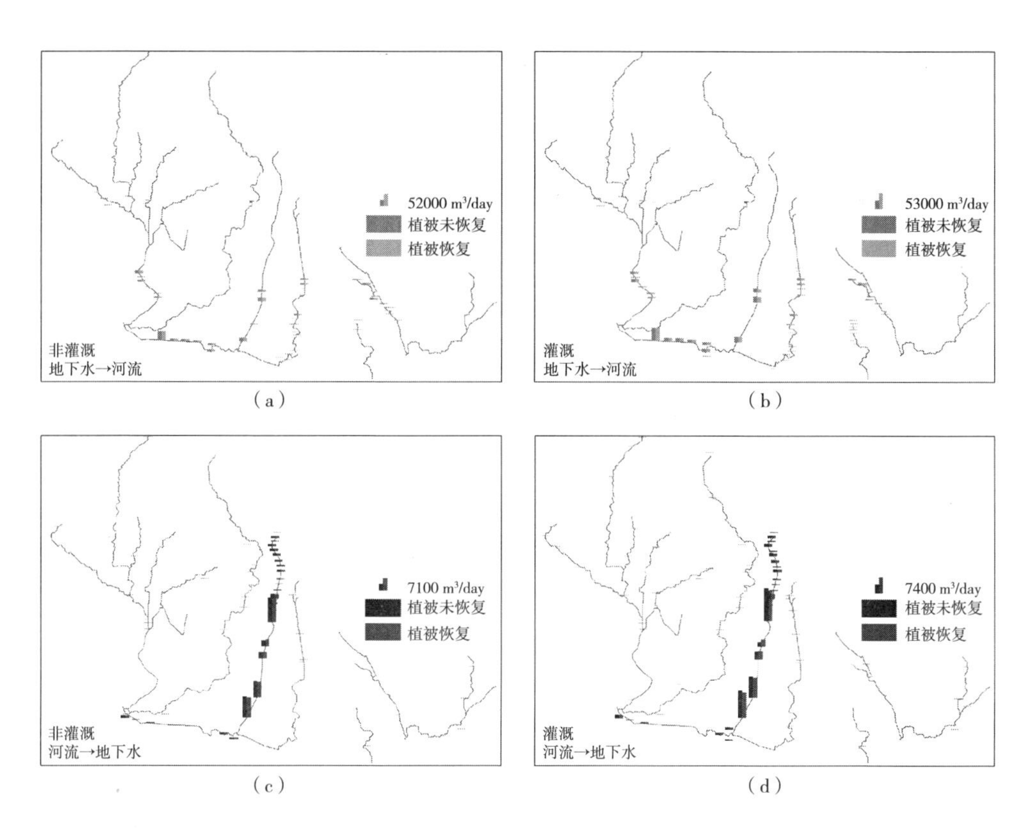

图 6-8　植被覆盖增加对巴音河中下游盈水/亏水河段空间分布的影响

6.2.4 植被覆盖增加对巴音河中下游总水量的影响

在没有灌溉的情况下，植被恢复对总水量的影响较小［图 6-9（a）］。相反，在植被恢复和灌溉的共同影响下，月总水量的变化变得更加平稳，并且植被恢复与非植被恢复情景之间的水量差异在实施灌溉的月份（4~8 月）变得明显［图 6-9（b）］。此外，月总水量的变化不受降水的影响，但其变化与无灌溉情景下的基流变化相似。这可能是因为基流在该地区占河流流量的大部分。然而，在灌溉情景下，这些相似性并不明显，灌溉令灌溉季节的月总水量增加（图 6-9）。

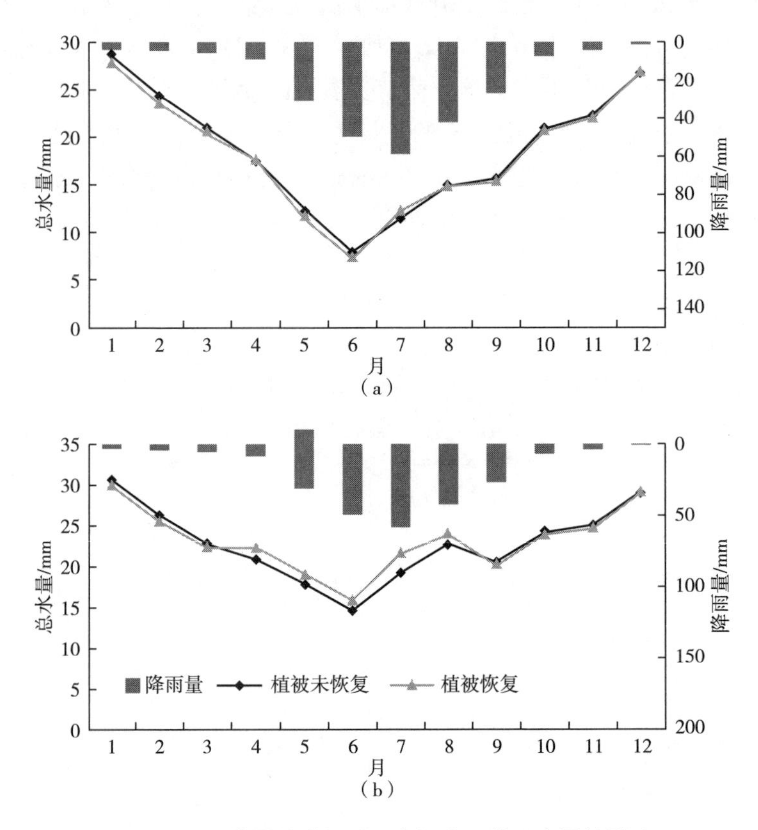

图 6-9 植被覆盖增加对巴音河中下游总水量的影响

第 7 章　巴音河中下游作物涝害风险评价及预测

7.1　WLSWAT-MODFLOW 模型作物涝害识别模块建立

作物遭受到涝害胁迫主要是因为根区水分过多，阻碍了大气与作物之间的气体交换，致使根系处于缺氧环境。SWAT 模型的作物生长模块中，仅考虑了土壤缺水造成的水分胁迫，而未考虑土壤水分过多导致的水分胁迫。因此，SWAT-MODFLOW 模型不可直接用于模拟及预测地下水位上升导致的作物涝害。本研究在 SWAT 作物生长模块基础之上，开发了作物涝害识别模块，建立了 WLSWAT-MODFLOW 模型，制定了不同气候背景下地下水位变化导致的作物涝害风险区识别及预测方案（图 7-1）：

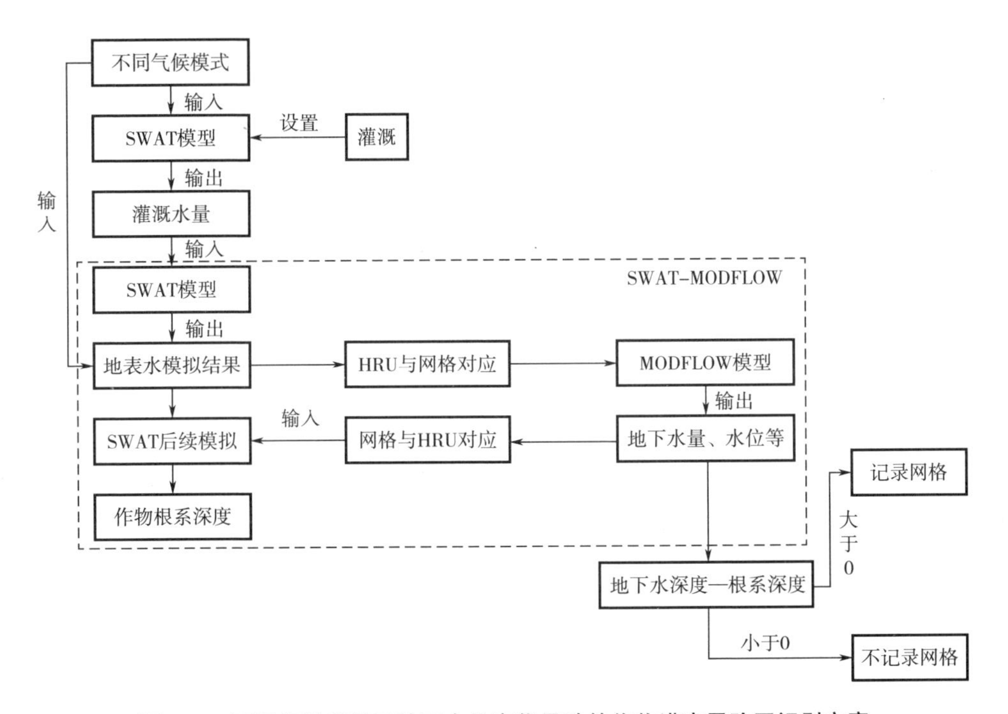

图 7-1　不同气候背景下地下水位变化导致的作物涝害风险区识别方案

①在不考虑区域地下水位变化的前提下，采用 SWAT 模型作物生长模块，以

自动灌溉模式，模拟不同气候条件下小麦及枸杞的生长过程，记录灌溉用水量并假设该灌溉量为作物生长最优灌溉量。

②假设除降水及最优灌溉水量外，地下水对于作物根区土壤水分的补给视为“多余”水量。在此假设下，采用 SWAT-MODFLOW 模型模拟不同气候条件下以最优灌溉为基础的研究区水循环过程以及作物生长过程，并根据每日地下水深度与作物根系深度之差判断作物涝害风险。差值为正则为涝害风险单元，需记录相应网格。差值为负则不作记录。

③采用 GIS 技术在空间上聚集所有涝害风险单元，勾画其边界并确定为涝害风险区。

7.2 WLSWAT-MODFLOW 模型评价指标

本文采用了决定系数（R^2）、纳什系数（NSE）、误差百分数（PBIAS）3 个评价指标来评价模型的适用性。其计算遵循式（7-1）~式（7-3）。R^2 用于表征模拟值与实测值相关性的程度，范围在 0~1 之间。值越趋近于 1 相关性越强，误差越小，通常认为大于 0.5 的值是良好的；NSE 用于评价模拟值与实测值之间的拟合优度，范围在-∞ ~1（包括 1）之间。值为 1 时，表示模拟效果完美，若值在 0~1 间且越趋近于 1，代表一致性越高，若小于 0 则表明模型模拟结果误差大；PBIAS 用于描述模拟值大于或者小于实测值的平均趋势。正值表示模拟值低估了实测值，负值表示高估了实测值，而越趋于 0，表明模拟效果越好。

$$R^2 = \frac{\left[\sum_{i=1}^{m}(S_1^{si} - \bar{S}^{si})(S_i^{ob} - \bar{S}^{ob})\right]^2}{\sum_{i=1}^{m}(S_1^{si} - \bar{S}^{si})^2 \sum_{i=1}^{m}(S_i^{ob} - \bar{S}^{ob})^2} \tag{7-1}$$

$$\mathrm{NSE} = 1 - \left[\frac{\sum_{i=1}^{m}(S_i^{ob} - S_i^{si})^2}{\sum_{i=1}^{m}(S_i^{ob} - \bar{S}^{ob})^2}\right] \tag{7-2}$$

$$\mathrm{PBIAS} = \left[\frac{\sum_{i=1}^{m}(S_i^{ob} - S_i^{si}) * 100}{\sum_{i=1}^{m} S_i^{ob}}\right] \tag{7-3}$$

式中：m 表示实测总数；S_i^{ob}表示第 i 个实测值；S_i^{si}表示第 i 个模拟值；$\bar{S}^{ob}$ 表示平均实测值；$\bar{S}^{si}$ 表示平均模拟值。

7.3 不同气候情景下作物涝害风险评估及预测

利用 BCC-CSM2-MR 模式未来不同情景下的模拟数据，以 2001~2020 年为历史阶段，预估巴音河流域未来 80 年（2021~2100 年）3 种 SSP 情景下降水和温度、上游出山径流量及作物涝害风险区面积的变化趋势。并将未来 80 年划分为每 20 年一个周期，分析多年平均降水量、平均温度及平均出山径流量变化特征，判定作物涝害受控因素，预估涝害风险区。

7.3.1　不同气候情景下降水、气温变化情况

图 7-2 显示了近 20 年巴音河中下游平均降水量以及 BCC-CSM2-MR 模式模拟的 SSP1-2.6、SSP2-4.5、SSP5-8.5 情景下未来 80 年（2021~2040 年、2041~2060 年、2061~2080 年、2081~2100 年）的多年平均降水量变化情况。较基准期 2001~2020 年的年均降水量，不同情景下降水量在四个时段的变化有所不同，模式模拟的 SSP1-2.6 与 SSP5-8.5 情景下未来 80 年年均降水量高于基准期，SSP2-4.5 情景下 2041~2060 年、2061~2080 年的年均降水量低于基准期。SSP1-2.6 与 SSP5-8.5 情景下未来 80 年年均降水量呈现出缓慢变化趋势，先呈上升趋势，随后下降，再呈缓慢上升趋势。SSP2-4.5 情景下，2041~2060 年的年平均降水量降幅较大，随后呈上升趋势。从整体上看，各情景下未来 80 年巴音河流域年均降水量总体呈现增加趋势。

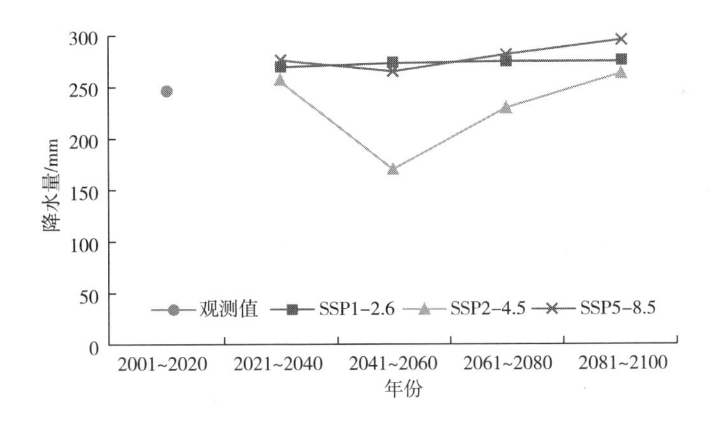

图 7-2　历史时段及未来多年平均降水量变化情况

图 7-3 显示了近 20 年巴音河中下游年平均温度以及 BCC-CSM2-MR 模式模拟的 SSP1-2.6、SSP2-4.5、SSP5-8.5 情景下未来 80 年多年平均温度变化情况。相较基准期 2001~2020 年年均温度，模式模拟的 3 种情景下未来 80 年年均温度高于基准期。SSP2-4.5、SSP5-8.5 情景下未来 80 年温度呈明显的增加趋势。SSP2-4.5 情景下上升趋势先快后慢，上升幅度最明显。SSP5-8.5 情景下上升趋势平缓。SSP1-2.6 情景下温度呈现先增、后减的趋势。从整体上看，各情

景下未来 80 年巴音河流域年均温度总体呈现增加趋势。

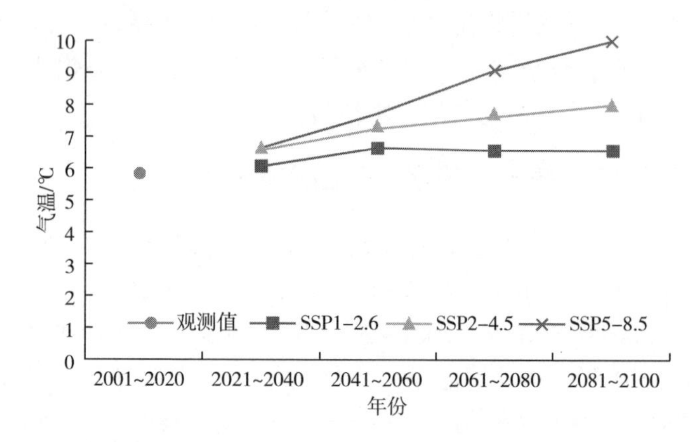

图 7-3 历史时段及未来多年平均温度变化情况

7.3.2 不同气候情景下上游出山径流变化情况

巴音河中下游水体之间作用强烈，地下水主要补给源为地表水和河流上游。中下游地势平坦，基本不产流。河道中的水主要来源于上游出山径流。利用 SWAT 模型模拟巴音河上游出山径流量，为后续涝害分析提供依据。图 7-4 显示了近 20 年巴音河中下游年均出山径流量以及 BCC-CSM2-MR 模式模拟的 SSP1-2.6、SSP2-4.5、SSP5-8.5 情景下未来 80 年的多年出山径流量变化情况。较基准期 2001~2020 年的年均出山径流量，SSP2-4.5 情景下未来 80 年的径流量显著减少。SSP1-2.6 情景下，未来 80 年出山径流呈先增后减，后略增的趋势，且在 2041 年以后明显高于其他情景。SSP5-8.5 情景下，近 80 年出山径流呈先减后增的趋势。

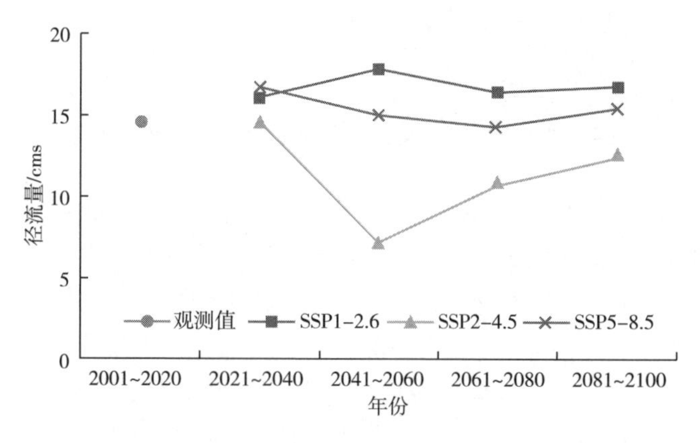

图 7-4 历史时段及未来巴音河多年平均出山径流变化情况

7.3.3　不同气候情景下地下水补给情况

图7-5显示了未来80年（2021~2100年）巴音河中下游3种气候变化情景下地下水补给情况，地下水补给来源于河水下渗、灌溉、山区侧向径流和降水补给。在不同的情景下，地下水主要接受河水下渗补给。近80年SSP2-4.5情景下地下水受河流下渗补给量是最少的。2021~2040年，SSP5-8.5情景下地下水接受河流下渗补给量高于SSP1-2.6情景。2041~2100年，SSP5-8.5情景下地下水接受河流下渗补给量均低于SSP1-2.6。与图7-4结果相比，巴音河中下游地下水补给情况受控于河流上游来水。

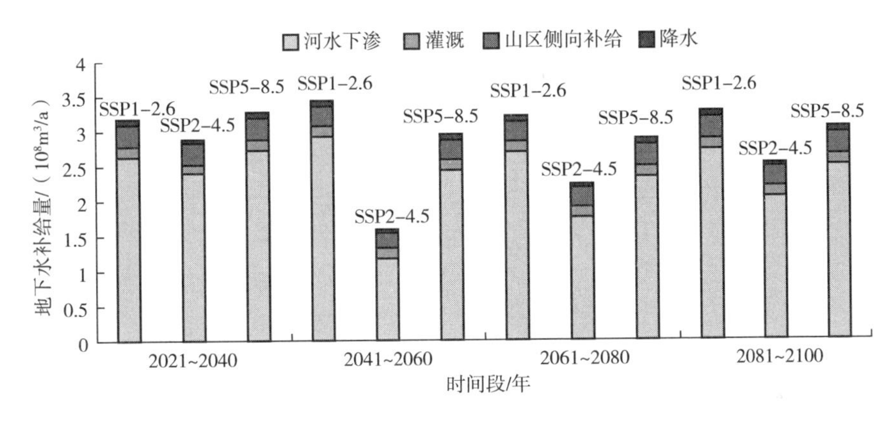

图7-5　未来80年巴音河中下游地下水补给情况

7.3.4　不同气候情景下巴音河中下游作物涝害风险区识别及预测

图7-6显示了近20年巴音河中下游作物涝害风险区以及BCC-CSM2-MR模式模拟的SSP1-2.6、SSP2-4.5、SSP5-8.5情景下未来80年巴音河中下游作物涝害风险区。各气候情景下作物涝害均发生在尕海灌区。2001~2020年基准期，作物涝害面积为10.9 km^2。德令哈市有关部门实际测量的近年尕海灌区涝害受灾耕地面积为10.17 km^2，比本研究模拟的历史时期涝害风险区仅小0.73 km^2。SSP1-2.6情景下，2055年作物涝害面积最大，为11.52 km^2。2073年作物涝害面积最小，为10.9 km^2。SSP2-4.5情景下，2035年作物涝害面积最大，为11.48 km^2。2042年作物涝害面积最小，为9.49 km^2。SSP5-8.5情景下，2028年作物涝害面积最大，为11.5 km^2。2090年作物涝害面积最小，为10.87 km^2。从整体上看，作物涝害面积最大值出现在SSP1-2.6情景下的2055年，作物涝害面积最小值出现在SSP2-4.5情景下的2042年。

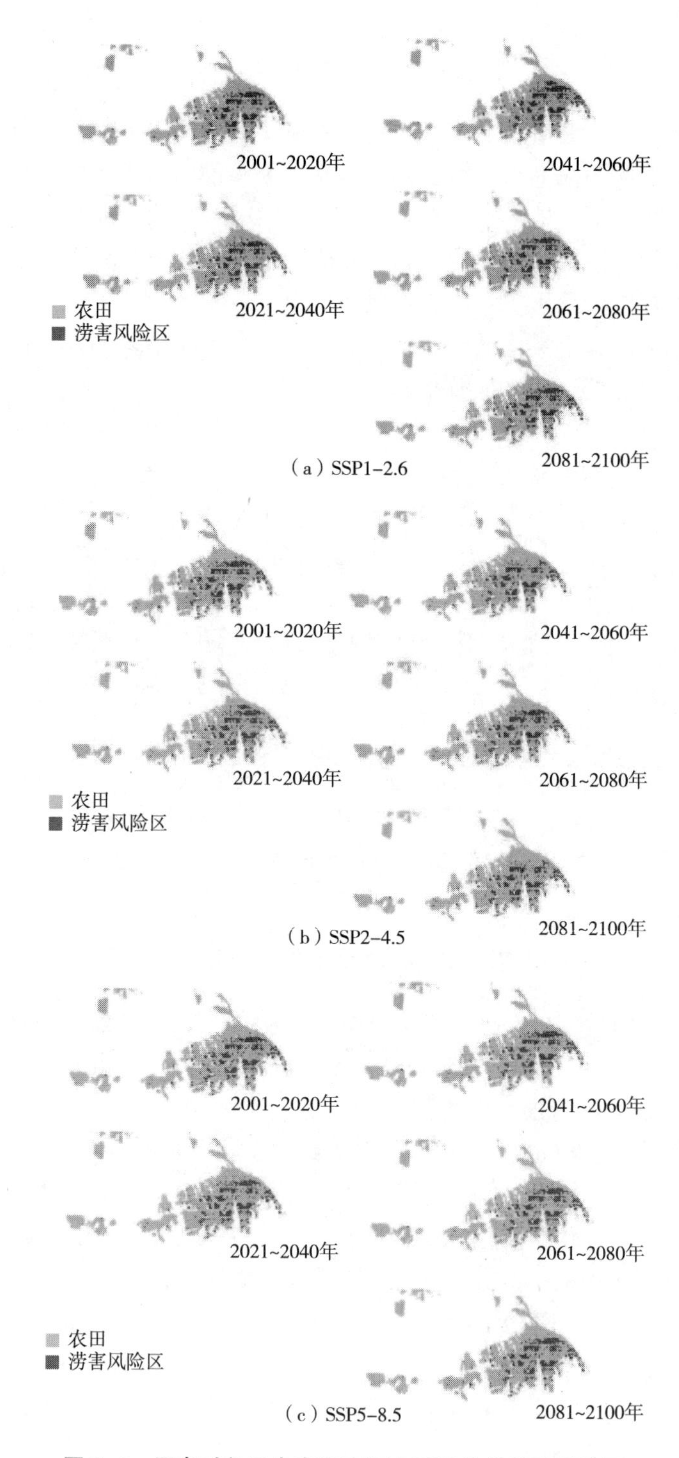

图 7-6　历史时段及未来巴音河中下游作物涝害风险区

第 8 章　巴音河中下游草地灌溉对生态水文过程的影响

8.1　基于多种分类方法的巴音河中下游灌溉草地的识别与提取

8.1.1　数据与预处理

8.1.1.1　卫星遥感数据

Sentinel-2 是由欧洲航天局（ESA）和欧洲空间局（ESOC）共同发布的多光谱成像卫星，搭载一枚多光谱成像仪（MSI）。该卫星由两颗卫星组成，分别是哨兵-2A（Sentinel-2A）和哨兵-2B（Sentinel-2B），分别于 2015 年 6 月 23 日和 2017 年 3 月 7 日发射升空。从可见光和近红外到短波红外，Sentinel-2 卫星空间分辨率各不相同。其高度为 786 km，可覆盖 13 个光谱波段（表 8-1），幅宽为 290 km。地面分辨率为 10 m、20 m 或 60 m 不等。一颗卫星的重访周期为 10 天，两颗互补将重访周期缩短为 5 天。该卫星被用于土地观测（包括植被、土壤和水覆盖、内陆水道和沿海地区、土地利用和变化监测制图）、环境污染、环境保护、提供土地覆盖的支持、救灾支持和气候变化监测等众多领域。Sentinel-2 是包含 3 个波段数据的卫星，可有效监测植被健康信息。

本研究基于 GEE 云平台调用了 2020 年 5 月 1 日~2020 年 9 月 30 日（植被生长期）的 Sentinel-2 影像数据，使用前通过 GEE 云平台对其进行了去云、裁剪等预处理，并将其重采样为 10 m。

表 8-1　S2 波段信息

波段	分辨率	中心波长	描述
B1	60 m	443 nm	超蓝（沿海和气溶胶）
B2	10 m	490 nm	蓝色
B3	10 m	560 nm	绿色
B4	10 m	665 nm	红色
B5	20 m	705 nm	可见光和近红外（VNIR）

续表

波段	分辨率	中心波长	描述
B6	20 m	740 nm	可见光和近红外（VNIR）
B7	20 m	783 nm	可见光和近红外（VNIR）
B8	10 m	842 nm	可见光和近红外（VNIR）
B8a	20 m	865 nm	可见光和近红外（VNIR）
B9	60 m	940 nm	短波红外线（SWIR）
B10	60 m	1375 nm	短波红外线（SWIR）
B11	20 m	1610 nm	短波红外线（SWIR）
B12	20 m	2190 nm	短波红外线（SWIR）

8.1.1.2 样本点数据

本研究于2021年4月~2021年9月对研究区进行野外实地调查，采集了研究区内灌溉草地、林地、耕地、雨养草地、建筑、水体、裸地和湿地8种地物类型，共827个样本点，并对样本进行剔除和优化。同时利用Google Earth调用同期高分辨率遥感影像进行对比验证。本研究最终选取80%的样本用于训练数据，20%的样本用于检验数据。由于受人力、物力和环境因素限制，样本点主要分布在人类活动较为频繁的道路附近或农田周围。

8.1.2 方法

8.1.2.1 谷歌地球引擎云平台

GEE是Google公司于2005年6月推出的基于云计算的地理信息处理平台，该平台提供了世界范围内包括高质量卫星图像、地形、气象数据等在内的数十PB级数据存储和高性能计算能力，具有在线处理影像数据、空间分析和模型建模等强大功能，被广泛应用于森林覆盖分类、城市绿化指数测算、土地利用变化监测等领域。

8.1.2.2 支持向量机

SVM是1995年由Vapnik等基于结构风险最小化理论，针对两类线性不可分数据的分类提出的传统机器学习监督分类方法，是一种常用的二分类算法，该方法利用已知的有效算法发现目标函数的全局最小值。具有解决小样本问题、非线性问题、过拟合和维度灾难等问题的优点，被用于分类、回归、数值预测等。SVM的基本原理是在特征空间中找到一个超平面，将不同类别的样本最大间隔地分开。若线性可分，则使用硬间隔 SVM；否则使用软间隔 SVM 来处理分类问题。

8.1.2.3　决策树

决策树基于实例进行归纳学习，是一种较为强大的机器分类算法。决策树选用了概率论的原理，用于解决分类和回归问题。先根据依据属性特征总结并归纳不同类别的样本数据，再选取具有高区分性的属性特征建立树形结构分类规则。这些规则通过逐步递归地进行自顶向下的建立，将未知样本进行分类，将特征变量的判断作为节点，特征变量的阈值作为分割子节点，继续建立子节点上的特征变量，以此类推，最终获得分类结果。由于决策树对应的决策过程具有可视化且可以对复杂、高维度的数据进行特征提取和简化，从而能够有效减少分类数据处理计算量和数据的冗余度等，决策树逐渐成为最广泛的监督式学习模型之一。但该方法也具有局限性，决策树的分类精度受人为主观判断的影响较为明显。为克服这一挑战，需要不断调试判断规则的逻辑顺序和特征的分割阈值，并根据分类结果进行特征变量的优选，以进一步优化决策树分类器。

8.1.2.4　随机森林算法

RF 算法是 2001 年由 BREIMAN 提出的一种以决策树为基本单元的集成学习理论与特征随机选取的强大机器学习算法，该算法是集成学习（Ensemble Learning）方法机器学习的重要分支之一。RF 算法由于具有精度高、参数少、对噪声和存在缺失值的影像具有更好的稳健性等优势，常被广泛应用于遥感影像分类与动态监测研究中。该算法的基本原理：首先从观测数据中选择多个样本，然后从每个样本中构建大量的分类树。对于树中的各个节点，先从所有特征中随机选取 M_{try} 个特征，再按照基尼系数进行分裂测试并选择最优特征。经过上述取样、建树的 N_{tree} 次重复后，最终建成含有 N_{tree} 棵分类树的随机森林。已有大量研究分析表明，M_{try} 一般默认设置为输入变量总数的平方根。N_{tree} 参数值的上限一般默认为 1000，目前已有大量研究证明该默认值对许多 RF 程序有效。

8.1.3　植被指数提取

影响遥感分类结果的关键因素之一是选择合适的特征变量，而合理科学地利用和组合特征变量对有效提高分类精度具有重要的作用。本研究各特征变量的基本计算公式遵循式（8-1）~式（8-6）。

$$\mathrm{NDVI} = \frac{P_{\mathrm{NIR}} - P_{\mathrm{RED}}}{P_{\mathrm{NIR}} + P_{\mathrm{RED}}} \tag{8-1}$$

式中：P_{NIR} 和 P_{RED} 分别为 Sentinel-2 的第 8（红）和第 4（近红外）波段。已有

研究结果发现，NDVI是有效反映植被生长状态、植被覆盖度等信息的重要指标之一，被广泛应用于植被覆盖监测研究，NDVI值在（半）干旱地区对土壤水分反应较为敏感。

$$LSWI = \frac{P_{NIR} - P_{SWIR}}{P_{NIR} + p_{SWIR}} \tag{8-2}$$

式中：P_{nir}和P_{swir}分别为Sentinel-2的第4（红）和第11（短波红外）波段。LSWI可有效反应土壤水分和植被水分。

$$GCVI = \frac{P_{NIR}}{P_{GREEN} - 1} \tag{8-3}$$

$$NDBI = \frac{P_{SWIR} - P_{NIR}}{P_{SWIR} + P_{NIR}} \tag{8-4}$$

$$MNDWI = \frac{P_{NIR} - P_{BLUE}}{P_{SWIR} + P_{BLUE}} \tag{8-5}$$

式中：P_{NIR}、P_{GREEN}、P_{SWIR}和P_{BLUE}分别为Sentinel-2的B4（红）、B3（绿）、B11（短波红外）和B2（蓝）波段。其中，GCVI、NDBI、MNDWI被用来识别农田、水体、草地、林地和湿地等地物类型，进一步提高草地分类精度。

$$NDMI = \frac{P_{VNIR} - P_{SWIR}}{P_{VNIR} +_{SWIR}} \tag{8-6}$$

式中：P_{VNIR}和P_{SWIR}分别为Sentinel-2的B8a（可见光和近红外）波段和B11（短波红外）波段。植被水分指数NDMI，因其可以及时反应植被冠层受水分胁迫程度，被广泛应用于不同水分条件下的植被提取。在本研究中被用于提取灌溉和雨养草地。

8.1.4 灌溉草地空间分布数据获取技术路线

本研究先利用GEE云平台调用了巴音河中下游草地生长期的（2020年5月~2020年9月）所有Sentinel-2遥感影像，同时对其进行了去云处理，将所有可用的无云影像进行中值合成并裁剪，得到研究区这一时期的最佳无云影像。然后，基于Sentinel-2计算了NDVI、GCVI、LSWI、MNDWI、NDBI等植被指数以及地形特征指数。将Sentinel-2影像进行波段组合，基于农业波段（B11、B8、B2）和短波红外波段（B12、B8A、B4），结合植被指数、地形特征指数和野外采样点对研究区进行特征选取，分别采用随机森RF、SVM和DT 3种机器分类方法先将研究区的林地、耕地、草地、建筑、水体、裸地、湿地7种土地利用类型进行识别和提取并通过混淆矩阵分别对3种分类结果进行精度验证。基于Sentinel-2影像的可见光和近红外波段（B8A）和短波红外波段（B11）计算水分指数NDMI，利用RF分类方法再次以草地为研究对象进行特征选取和分类，将其分类为灌溉和雨养草地（图8-1）；最后，通过混淆矩阵分别对分类结果进行精度验证，选取了最佳分类结果并将其输入 SWAT-MODFLOW 耦合模型。

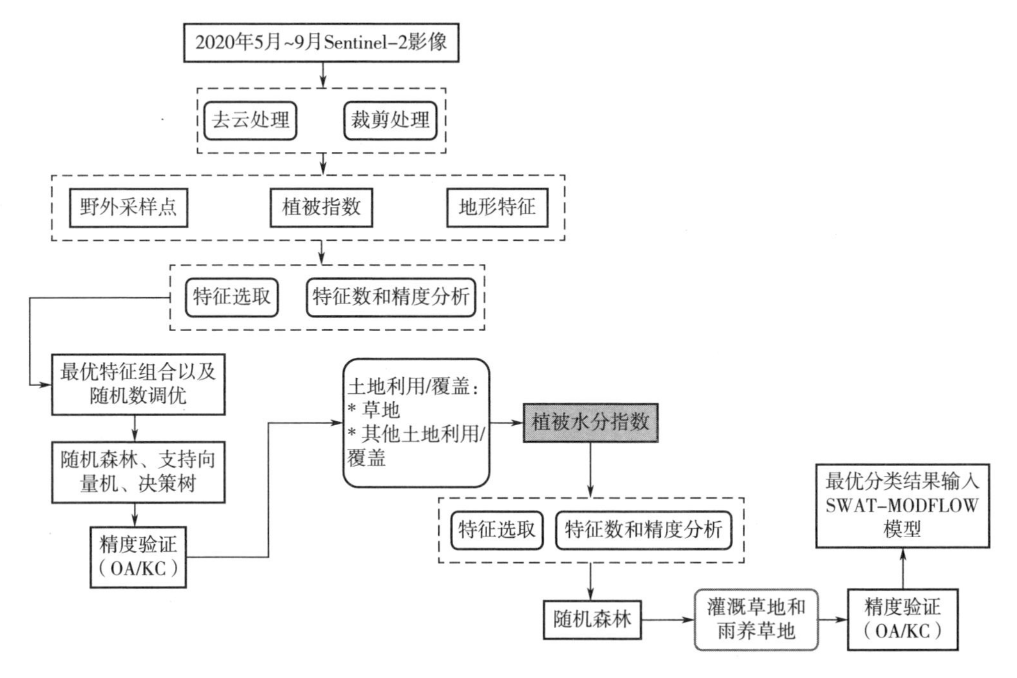

图 8-1 灌溉草地与雨养草地提取技术流程图

8.2 基于不同分类方法的巴音河中下游灌溉草地分类精度对比

8.2.1 土地利用/覆被分类精度评价

本研究选取实测样本的 80%作为训练样本，20%作为验证样本，并选用总体精度、Kappa 系数、用户精度以及制图精度 4 个评价指标，基于混淆矩阵对 3 种不同分类器分别提取的 7 种土地利用类型进行了精度评价。

表 8-2 显示了基于 3 种分类方法提取的土地利用/覆被分类精度，总体来看，RF 分类精度最高，其总体精度为 96%，Kappa 系数为 0.93，用户精度最高的是裸地和耕地（0.97），最低的是森林（0.87），其余的土地利用类型都在 0.9 以上，制图精度最高的是草地（0.98），最低的是城镇用地（0.64）。DT 分类精度略低于 RF，其总体精度和 Kappa 系数分别为 94%和 0.91，用户精度最高的是水体（0.99），最低的是耕地（0.42），制图精度最高的是草地（0.94），最低的是林地（0.14）。此外水体和湿地的制图精度也较低。SVM 分类精度最低，总体精度和 Kappa 系数分别为 90%和 0.82。用户精度和制图精度最高的是耕地

(0.96)，最低的均是城镇（0.18 和 0.49）。这表明本研究基于 RF 的分类方法对（半）干旱地物识别具有较好适用性。

表 8-2　土地利用/覆被分类精度评价表

精度	用户精度			制图精度			Kappa			总体精度/%		
地物类型	分类方法											
	RF	SVM	DT	RF	SVM	DT	RF	SVM	DT	RF	SVM	DT
城镇	0.92	0.18	0.72	0.64	0.49	0.68	0.93	0.82	0.91	96	90	94
林地	0.87	0.5	0.71	0.77	0.72	0.14						
水体	0.92	0.79	0.99	0.84	0.76	0.42						
裸地	0.97	0.96	0.91	0.97	0.96	0.93						
湿地	0.95	0.80	0.79	0.73	0.83	0.57						
草地	0.97	0.95	0.88	0.90	0.96	0.94						
耕地	0.95	0.88	0.42	0.98	0.90	0.56						

8.2.2　土地利用/覆被分类时空分布特征

基于巴音河中下游地区 SVM、DT 和 RF 的一级分类结果。3 种分类方法下的草地和裸地分布范围基本一致，草地均分布在北部高海拔山区和中部农业区，中南部湿地部分有少量分布。其中，SVM 提取的城镇和耕地面积较少，将多数城镇错分为草地。基于 DT 提取的湿地面积较大，存在将草地误分为湿地的现象。提取的其他地物类型分布较为集中且合理。基于 RF 提取的草地、耕地和湿地等的土地利用类型交错、零散分布，符合实际情况，草地被误分的像元较少，具有更多的空间分布细节，总体上 RF 的提取精度优于 SVM 和 DT。

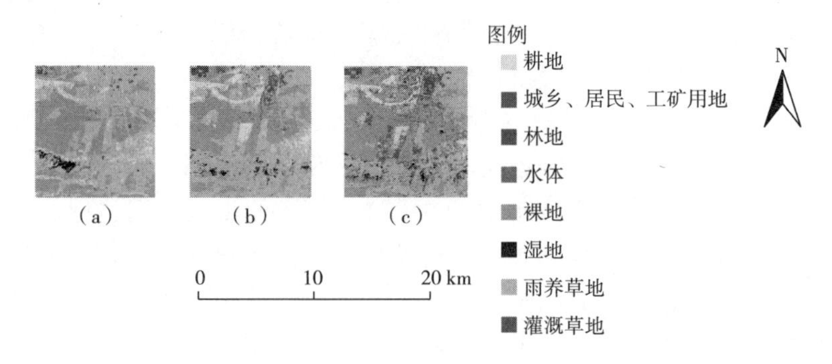

图 8-2　不同分类方法的一级分类结果对比图

8.2.3　灌溉草地分类精度评价

基于第一次分类结果，利用 ArcGIS 软件提取出草地，加载至 GEE 云平台，计算植被水分指数 NDMI，建立归一化植被指数 NDVI、地形特征指数 slope，对草地进行特征选取，基于 RF 分类方法进行灌溉草地和雨养草地的识别和提取，最后利用混淆矩阵对分类结果进行精度验证，以各地物类型的总体精度、Kappa 系数、用户精度和制图精度 4 个指标（表 8-3）对分类结果进行精度对比；结果显示：RF 总体精度为 96%，Kappa 系数为 0.85。其中，雨养草地的用户精度和生产者精度分别为 0.96 和 0.99，灌溉草地的用户精度为 99%，制图精度为 0.78。

表 8-3　灌溉草地和雨养草地分类精度评价表

精度	用户精度		制图精度		Kappa	总体精度
分类方法	地物类型					
	灌溉草地	雨养草地	灌溉草地	雨养草地		
RF	0.99	0.96	0.78	0.99	0.85	96%

基于 RF 分类方法提取的 2020 年雨养草地均集中分布在水热条件较好的高海拔山区、中南部低洼区。提取的灌溉草地、雨养草地和耕地交错、混合分布在中南部平原地区及中南部湿地分布区，该提取结果较为符合当地实际情况，被误分的现象较少，具有更为细腻的空间分布细节。表明该方法在灌溉草地和雨养草地分类提取方面具有较好的效果。

8.3　SWAT-MODFLOW 模拟效果评价

有关 SWAT 与 MODFLOW 模型介绍及耦合、SWAT 模型和 MODFLOW 模型建模数据及参数率定的内容，前文已有讲述（详见第三章、第四章）。

8.3.1　SWAT-MODFLOW 模型效果评价因子

本研究选取了纳什系数（NSE）和决定系数（R^2）作为评价模型适用性的评价指标。NES 表示实测数据和模拟数据的拟合程度，取值为负无穷至 1，值越趋近于 1，表示模拟效果好且模型可信度高；值越趋近于 0，表示模拟结果越接近观测值的平均值水平，即总体结果可信，但过程模拟误差大；值远远小于 0，则表示模型是不可信的。R^2 表示实测数据和模拟数据的一致性，其范围在 0~1 之间，值越趋近于 1，相关性越强，误差越小。其计算公式如式（8-7）~式（8-8）所示：

$$R^2 = \frac{\sum_{i=1}^{n}(S_i^{si} - S^{-si})(S_i^{ob} - S^{-ob})}{\sum_{i=1}^{n}(S_i^{si} - S^{-si})^2 \sum_{i=1}^{n}(S_i^{ob} - S^{-ob})^2} \tag{8-7}$$

$$\text{NES} = 1 - \left[\frac{\sum_{i=1}^{n}(S_i^{ob} - S^{-si})^2}{\sum_{i=1}^{n}(S_i^{ob} - S^{-ob})^2}\right] \tag{8-8}$$

8.3.2 SWAT-MODFLOW 模拟效果评价结果

图 8-3 显示了本研究 SWAT-MODFLOW 模型评价效果，本研究将校准好的 SWAT 以及 MODFLOW 模型进行了耦合，然后基于流域地下水位观测数据、SSEBop 蒸散发数据等对耦合模型的相关参数进行微调，直至地下水位和 *ET* 模拟效果最佳。参数校准过程详见已有文献，模拟效果相对优于其他区域。模拟的子流域尺度蒸散发 NSE 在 0.76 以上，R^2 在 0.75 以上。总体上，各观测井月地下水位和 *ET* 模拟效果较好。

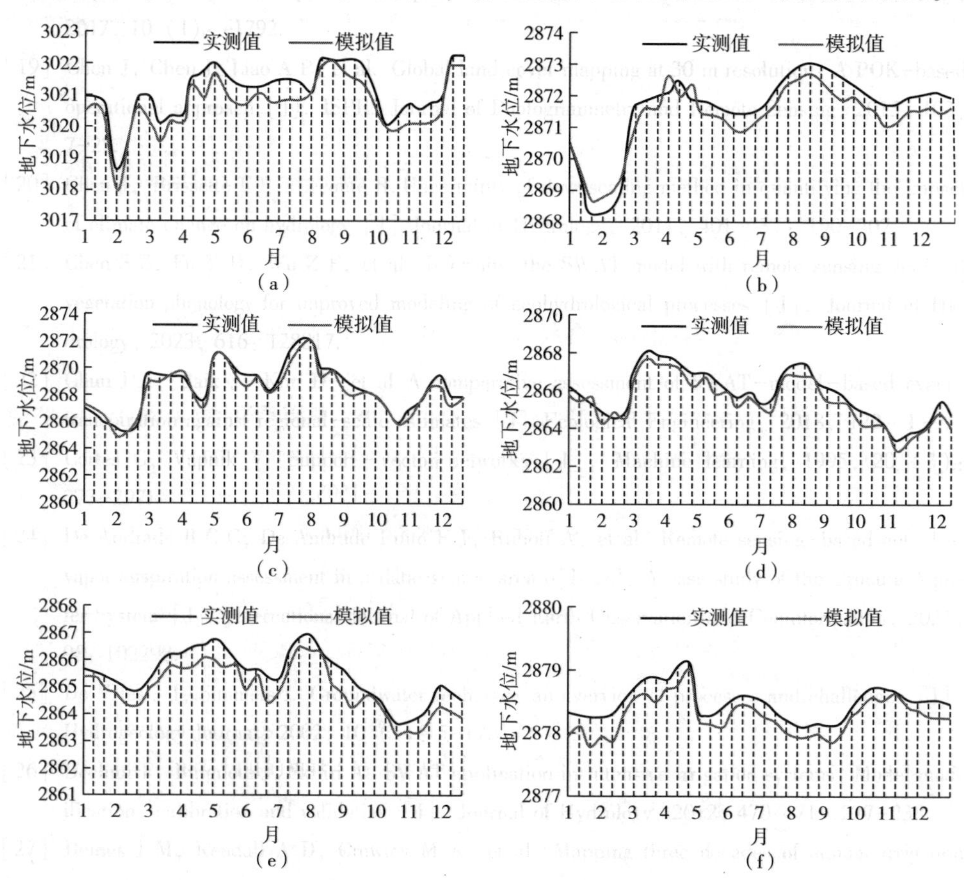

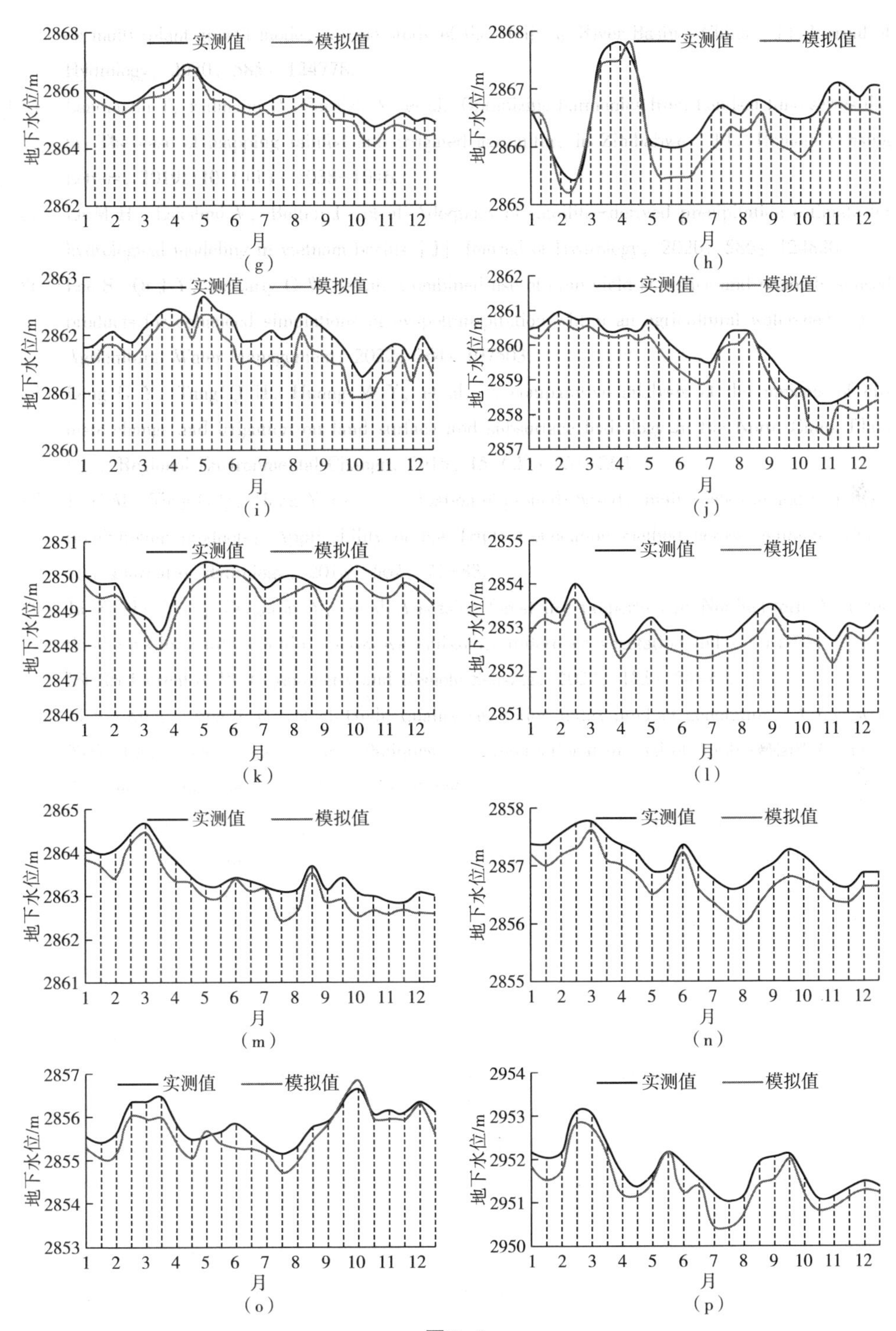

图 8-3

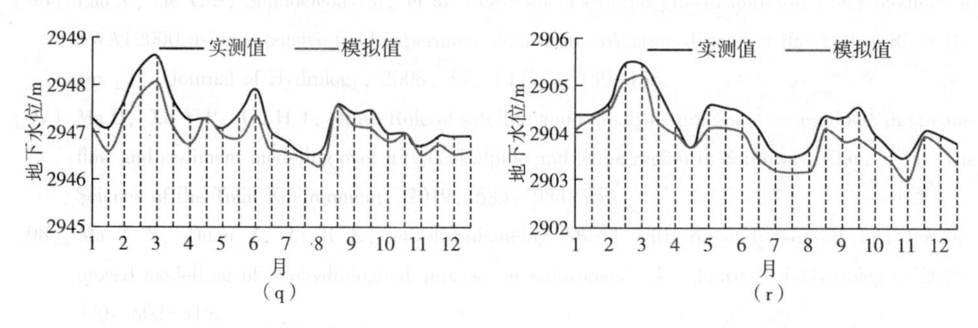

图 8-3 SWAT-MODFLOW 模型评价效果

8.4 巴音河中下游草地灌溉对区域水文过程的影响

8.4.1 灌溉草地 LAI 变化

本研究基于 SWAT-MODFLOW 耦合模型模拟结果，分析了巴音河中下游草地生长期（5~9 月）灌溉草地与雨养草地平均 LAI 变化情况，如图 8-4 所示。灌溉草地和雨养草地平均 LAI 值呈现先上升后下降的趋势，且两种草地的 LAI 值变化趋势与降水呈现一致性：5~8 月，灌溉草地和雨养草地的平均 LAI 值变化呈上升趋势，并于 8 月达到最大值，9 月开始下降。5 月、6 月以及 8 月灌溉草地和雨养草地的 LAI 变化趋势与对应月份的降水变化呈现一致性。草地生长初期（5~6 月）灌溉草地与雨养草地 LAI 差异极小，生长中后期（7~9 月）两者差异变大，且灌溉草地月平均 LAI 值比雨养草地高 60%以上。此外，灌溉并未改变草地 LAI 的季节变化趋势。

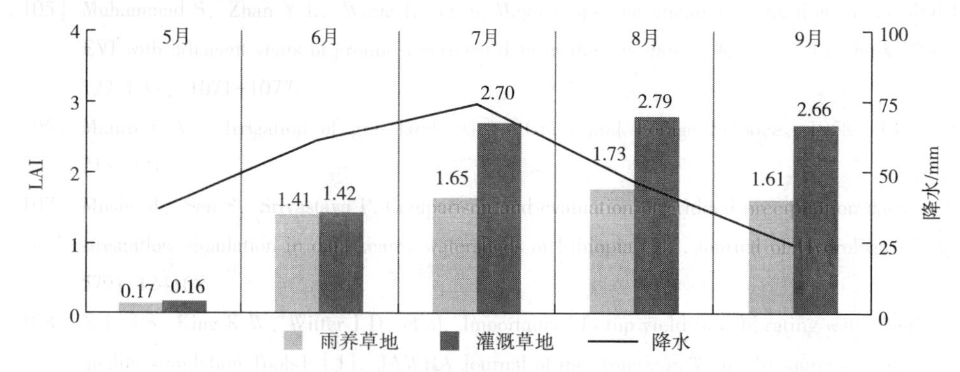

图 8-4 生长期灌溉草地与雨养草地月平均 LAI 对比

图 8-5 显示了 2017~2021 年灌溉草地与雨养草地平均 LAI 值。从年际尺度上来看，2018 年灌溉草地与雨养草地年平均 LAI 值差异最小，为 44%。该年份的年降水量最多（397 mm），两种草地的 LAI 也均呈现出最大值。2020 年，降水量最少（131 mm），灌溉草地和雨养草地的年平均 LAI 值也均较小，且两种草地的 LAI 值差异最大，为 53%。5 年间，灌溉草地的年平均 LAI 值比雨养草地高 43%以上。

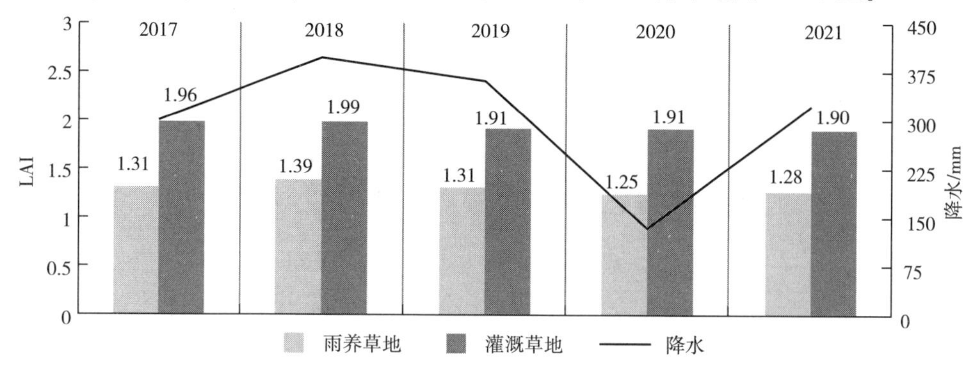

图 8-5　2017~2021 年灌溉草地与雨养草地平均 LAI 对比

8.4.2　灌溉草地 *ET* 变化

蒸散发（*ET*）是干旱区内陆河流域水量平衡的关键环节，是维持陆面水分平衡和地表能量平衡的重要组成部分。本研究基于 SWAT-MODFLOW 耦合模型分别从月、年尺度分析了研究区灌溉草地和雨养草地的 *ET* 变化情况，如图 8-6、图 8-7 所示。由图 8-6 可知，雨养草地的月 *ET* 变化与月降水量变化情况基本一致，于夏季（7 月）达到最大值，在冬季（1 月）呈现最小值，各月之间 *ET* 差异值变化范围在 1. 62~54. 46 mm 之间。灌溉草地各月之间 *ET* 差异值变化范围在 4. 88~75. 49 mm 之间，冬季时 *ET* 呈现最小值，为 12 mm。且由于 4 月、7 月、11 月灌溉量较大，*ET* 达到峰值。另外，各月灌溉草地 *ET* 值均高于雨养草地，在降水量偏少、灌溉量较大的 4 月两种草地 *ET* 差值最大，为 43. 75 mm，在降水量偏小且无灌溉的 1 月，二者差异最小，为 3. 53 mm。

图 8-7 反映了灌溉及雨养草地年 *ET* 变化情况。从年际尺度上来看，2017~2021 年，雨养草地 *ET* 变化趋势与年降水量变化基本保持一致，各年间 *ET* 差异较大，差值范围在 12. 14~148. 33 mm 之间。降水稀少（131 mm）的 2020 年 *ET* 值也较小，为 165. 40 mm；降水最多（131 mm）的 2018 年（397 mm）*ET* 值也最大，为 313. 73 mm。相比较而言，灌溉草地 *ET* 年际差异较小，差值在 18~45. 37 mm 之间。各年灌溉草地 *ET* 值大于雨养草地，在降水量最少的 2020 年，两种草地的差值最大，为 302. 36 mm；在降水量最多的 2018 年，二者差值最小，

为 136.02 mm。

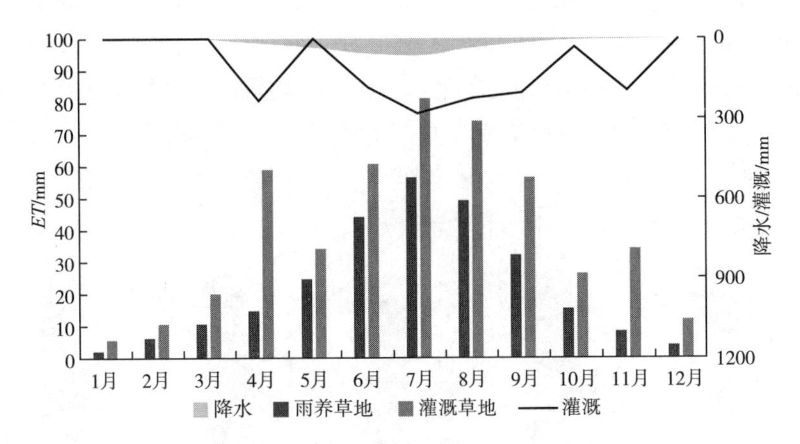

图 8-6　灌溉及雨养草地月 *ET* 对比

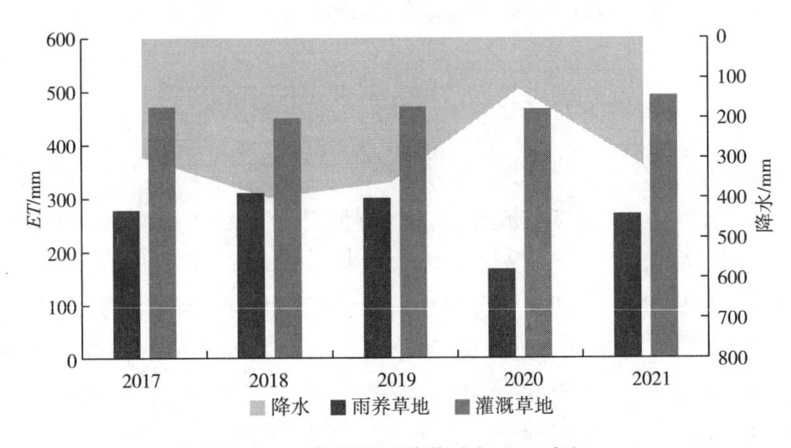

图 8-7　灌溉及雨养草地年 *ET* 对比

8.4.3　灌溉草地地下水补给量变化

地下水在干旱区内陆河流域水循环中占有主导地位，是自然系统中最重要的基础性资源之一。灌溉会引起地下水补给量变化，进而导致地下水位波动，影响地下水资源量、区域生态环境等。因此，本研究基于 SWAT-MODFLOW 耦合模型分析了草地灌溉引起的地下水补给量变化情况。图 8-8 显示了灌溉及雨养草地月地下水补给量变化情况。雨养草地的地下水补给量与当月降水量呈正相关，灌溉草地的地下水补给量与灌溉事件呈正相关：7 月，由于月降水量最高（74 mm）、草地灌溉量也较大（288 mm），灌溉草地和雨养草地对地下水补给量也达到最大值。降水量较少且未被灌溉的 1 月、2 月、3 月、5 月以及 12 月，两种草地的地下水补给量也均为零。降水量多的 6 月，雨养草地有少量地下水补给（0. 17 mm），其余月份补给量极少。灌溉量较大的 4 月、6 月、7 月、8 月、9 月、11 月，灌溉草地地下水补给较为明显，且 7 月补给量达最大值，为 6. 1 mm。

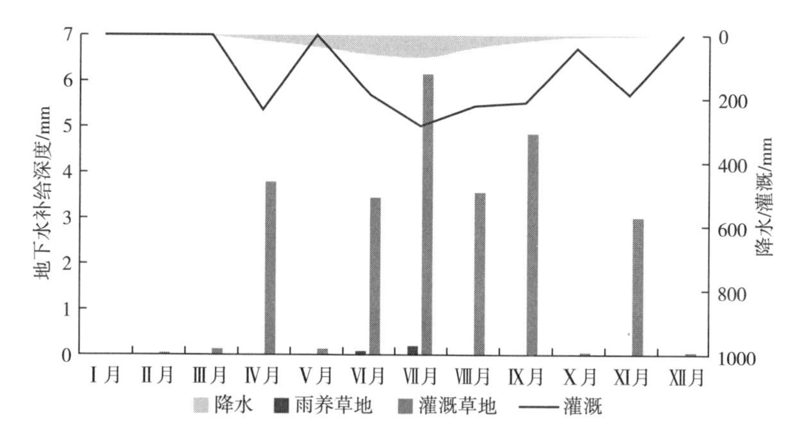

图 8-8　灌溉及雨养草地月地下水补给量对比

图 8-9 显示了不同年份雨养和灌溉草地的地下水补给量。降水量较多的 2018 年（397 mm）及（358 mm）2019 年，灌溉草地和雨养草地的地下水补给量较大且均在 2019 年达到最大，其他年份雨养草地的地下水补给量极小。在降水量最小的 2020 年（131 mm）灌溉草地的地下水补给量达到最小值。此外，各年间灌溉草地的地下水补给大于雨养草地的补给量，且灌溉草地的地下水补给量差异在 0. 31~4. 4 mm 之间。

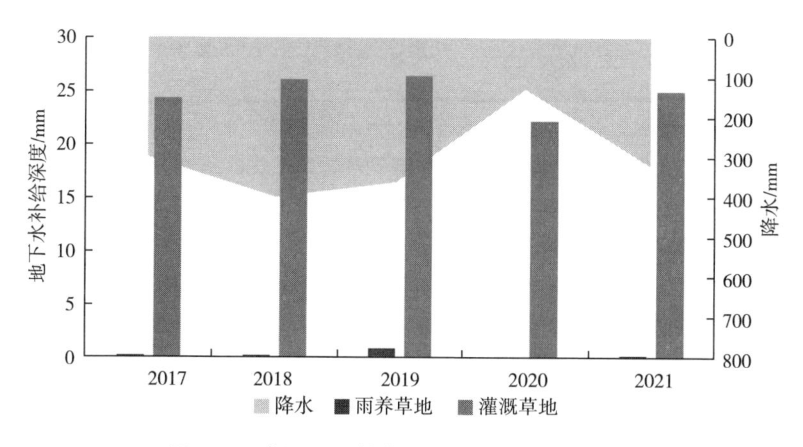

图 8-9　灌溉及雨养草地年地下水补给量对比

8.5 讨论

8.5.1 草地分类精度

本研究将获取的2020年巴音河中下游土地利用分类结果和由Esri、Impact Observatory以及Microsoft联合发布的2020年10 m分辨率的土地覆盖数据集（Environmental and Social Impact Report，ESIR）以及由中国研制的2020年全球30 m土地覆被数据集（GlobeLand30）进行了对比（图8-10）。结果表明三者提取的草地面积分别为718.86 km^2、1214.56 km^{2}和665.20 km^2，分别占流域总面积的39.38%、67%和36%。造成这种差异的原因可能有：一是GlobeLand30数据集分辨率为30 m，略低于ESIR和本研究提取的土地覆盖数据集，从而使GlobeLand30数据集的各地类提取精度较粗糙；二是本研究分类尺度仅为巴音河中下游地区，而ESIR数据集和GlobeLand30数据集是以全球性的分类尺度进行地物分类，3种数据的分类尺度不同也会造成分类结果存在较大的差异。

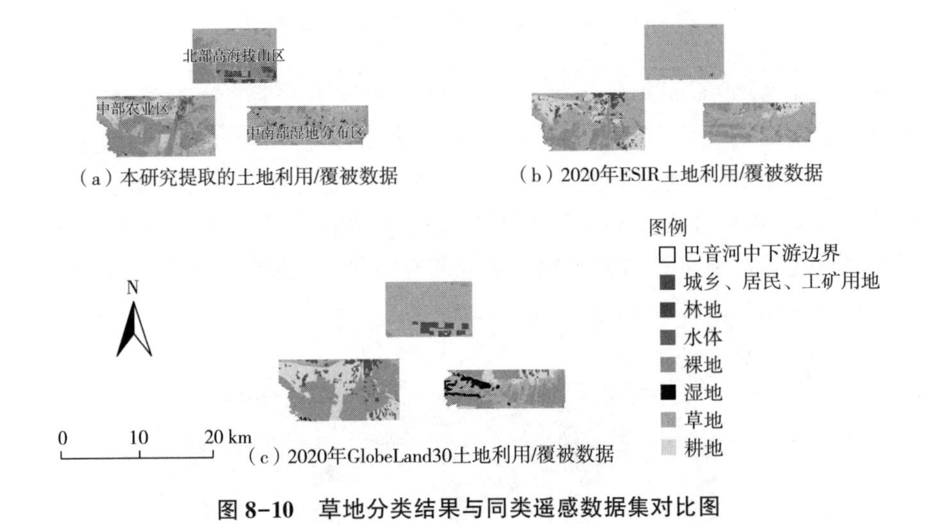

图8-10 草地分类结果与同类遥感数据集对比图

从空间上看，本研究提取的草地多分布在研究区北部高海拔山区、中部农业区（德令哈和尕海两大灌区）以及中南部区域。而ESRI数据集中草地大面积分布在北部和东部高海拔山区地，大量裸地被误分为草地。GlobeLand30数据集提取的草地大面积连续分布在北部山区，中南部地区有少量分布，同样存在将北部山区的大面积裸地错分为草地的情况。并且相较于ESRI数据集和本研究所提取的土地利用数据，GlobeLand30数据集缺乏空间细节，细节表达较为粗糙。相较而言，本研究提取的地物类型具有较高精度，草地被误分的像元较少，具有更多的空间分布细节，优于 ESIR 和 GlobeLand30 数据集。

8.5.2　灌溉对草地生长状态的影响

LAI 是表征植被生长状态的常用指标，亦是 SWAT 模型中连接植物生长过程与冠层截留、蒸散发等水文过程的重要参数。比较灌溉草地与雨养草地 LAI 在不同时间尺度上的差异，可明确灌溉对草地生长状态的影响。灌溉对巴音河中下游草地生长状态有明显提升作用。在季节尺度下，草地生长初期（5~6 月），灌溉草地与雨养草地 LAI 差异极小，表明该时期灌溉对草地生长状态的影响较小。这主要是由于研究区所在的高寒、干旱区草地在生长初期主要受温度的影响。草地生长中后期（7~9 月），灌溉对草地生长状态的影响开始显现，灌溉草地 LAI 值比雨养草地高 60%以上，表明灌溉有效弥补了该时期草地植被的水分亏缺。在年际尺度上，灌溉对草地生长状态的影响在降水最少的 2020 年最强，在降水最多的 2018 年最弱。总体上，由于研究区年降水量总体偏少、时空分布不均匀等因素影响，各个年份灌溉对草地生长状态的影响均较为明显，两种草地 LAI 差距保持在 43%以上。由于水分条件稳定，灌溉草地生长状态比雨养草地稳定，年际间的 LAI 值差异较小。

8.5.3　草地灌溉对流域水文过程的影响

在季节尺度上，雨养草地除降水量较大的 6 月、7 月有少量地下水补给外，其他月份补给量极少。在年际尺度上，雨养草地除年降水量较高的 2018 年和 2019 年有少量地下水补给外，其余年份补给量极少。这可能与雨养草地分布区土壤质地、含水层中的水头深度、降雨的时节、持续时间和强度、日温度等多种因素有关。而灌溉草地在有灌溉事件发生的 4 月、6 月、7 月、8 月、9 月和 11 月均有明显地下水补给，补给深度比雨养草地高 3~6 mm。在年际尺度上，灌溉草地地下水补给深度比雨养草地高 22~26 mm。可见相对于降水，灌溉水回归流是巴音河中下游地下水补给的重要资源，这与伊朗、巴基斯坦、美国佛罗里达等地的干旱地区相关研究结果一致。降水量对地下水补给深度的贡献量低的主要原因在于该类地区的强度和短时对流降雨。雨养草地 *ET* 季节及年际变化规律响应于降水，这与中国西北干旱区相关研究结果一致。然而，灌溉打破了巴音河中下游草地 *ET* 季节以及年际变化规律。在季节尺度上，灌溉明显提高了草地在春季（尤其是 4 月）及秋季（尤其是 11 月）的 *ET* 值。在年际尺度上，灌溉使草地 *ET* 较稳定且基本不受年降水量变化影响。其他相似研究同样揭示了灌溉，尤其是大水漫灌对干旱区相应土地覆盖类型及区域 *ET* 的强烈影响。

8.5.4 不足

本研究基于 SWAT-MODFLOW 耦合模型模拟结果揭示了研究区草地灌溉对生态水文过程的影响，但还存在以下不足。

①本研究主要基于光学影像（Sentinel-2）结合 NDMI 植被指数提取了灌溉草地，而已有研究证明雷达后向散射信息往往对土壤水分信息较为敏感，因此，将光学影像与雷达后向散射信息相结合可能将更加准确和有效地提取到灌溉次数、灌溉日期以及灌溉面积等更多草地灌溉信息。另外，本研究仅对提取的草地与 ESIR 及 30 m 分辨率的 GlobeLand30 土地利用数据集对应的草地进行了对比验证，但由于目前灌溉和雨养草地产品数据集缺乏，未进一步将本研究分类的灌溉及雨养草地与相关的其他草地数据集进行对比。

②SWAT 模型主要通过基于有效积温的理想叶面积发育模型来计算 LAI，考虑了温度、水分及氮、磷胁迫对植物生长的影响。但该模型仅能模拟单一作物的生长状况，未考虑灌溉对草地植物多样性的影响。此外，LAI 的模拟依赖于多个复杂参数，在仅有水量实测数据的情况下，这些参数很难被校准。本研究假设 SWAT 模型默认的草地生长参数为最优参数。以上均有可能影响 LAI 模拟结果。

③本研究仅考虑了大水漫灌对草地生长状态及相应水文过程的影响，据实际调查，目前研究区已开始小规模实施喷灌、滴灌等节水灌溉措施。不同灌溉模式对区域生态—水文过程的对比研究有助于为区域水资源合理规划提供更好支撑。这应作为下一步研究的重要内容。

第 9 章　结论和建议

9.1　巴音河上游山区水文过程模拟

9.1.1　气候变化对巴音河上游山区流域径流量的影响模拟及预测

本研究在典型的高寒山区流域——巴音河上游祁连山区，采用流域出口处的德令哈水文站 1996~2019 年月径流和气象数据，构建 SWAT 模型并基于 SUFI-2 算法对模型进行率定和验证后，利用 CMIP6 中 BCC-CSM2-MR 模式，对 3 种情景下巴音河流域 2015~2100 年的径流量进行了预测和分析，得到以下结论。

①巴音河流域月径流量模拟值与观测值较一致，率定期（NSE=0. 63，RSR=0. 61，PBIAS=10. 27%）和验证期（NSE=0. 81，RSR=0. 43，PBIAS=11. 17%）各目标函数均满足评价要求，且验证期比率定期模拟效果好，说明 SWAT 模型在巴音河流域的适用性良好。

②巴音河流域在 2015~2100 年 3 种情景下，在月、季节和年尺度上，降水量、最高温度、最低温度均呈现增加趋势。其中年最高温度和年最低温度在 3 种情景下的增幅为 SSP5-8. 5>SSP2-4. 5>SSP1-2. 6。年降水量在 3 种情景下并没有显著的区别，SSP1-2. 6 和 SSP2-4. 5 两个情景下增幅高度一致，而 SSP5-8. 5 情景下增幅相对略大。巴音河流域在 2015~2100 年将呈现暖湿化趋势。

③巴音河流域在 2015~2100 年 3 种情景下，地表径流将呈现先增加后减少的趋势。侧向流、地下径流、总产水量将呈现增加趋势，在 2015~2057 年基本呈现 SSP5-8. 5>SSP2-4. 5>SSP1-2. 6，但在 2058~2100 年基本呈现 SSP1-2. 6>SP2-4. 5> SSP5-8. 5。

④巴音河流域在 2015~2100 年 3 种情景下，融雪将呈现增加趋势，且增幅表现为 SSP2-4. 5>SSP5-8. 5>SSP1-2. 6。融雪主要发生在冬季，冬季融雪占全年融雪的 63%~89%。

9.1.2　基于 SWAT 模型改进的巴音河上游生态系统水文过程模拟

本研究选择巴音河上游为研究区，采用 ESTARFM 模型对 GLASS LAI 进行降尺度，得到高时空分辨率遥感 LAI 数据，进而取代原始 SWAT 估算的 LAI，以改进 SWAT 模型单一的植被生长模块，旨在更准确地刻画巴音河流域不同植被覆盖度的草地流域的生态水文过程。对于建立 SWAT 模型所需的降水数据，本研究对比了实测降水数据以及 CMORPH v1.0、CHIRPS v2.0、MSWEP v2 遥感降水产品在研究区的适用性，以得到准确性较高的降水数据建立水文模型。为了对比原始和改进后的 SWAT 模型的模拟效果，本研究模拟了月径流量、月泥沙含量以及月 *ET*，并在子流域或 HRU 尺度上利用实测数据和遥感 *ET* 来验证两个 SWAT 模型的模拟结果。得到的主要结论如下。

①评估基于遥感和实测降水数据驱动 SWAT 模型的性能：分别基于 CMORPH v1.0、CHIRPS v2.0、MSWEP v2 产品与海拔修正的实测数据建立 SWAT 模型。结果表明，基于海拔修正的实测数据的 SWAT 模型具有最优性能，R^2 值、NSE 值和 PBIAS 值分别为 0.88、0.87、2.80%。除 CMORPH v1.0 外，其余三者模拟结果均具有一定可信度，且基于海拔修正的实测数据建立的 SWAT 模型对应的 NSE 值较 CHIRPS v2.0、MSWEP v2 降水产品提高了 0.11~0.26，R^2 值提高了 0.07~0.14，PBIAS 值减少了 14.40%~24.30%。

②高时空分辨率 LAI 有效性：与 GLASS LAI 和原始 SWAT 模型估算的 LAI 相比较。结果表明，高时空分辨率 LAI 具有较高精度。高时空分辨率 LAI 较 GLASS LAI 在空间上具有更高的分辨率，展示了更多和清晰的纹理、边界等空间细节信息。在时间上，高时空分辨率 LAI 与 GLASS LAI 在月尺度上呈显著正相关，R^2 达到 0.95。对比原始 SWAT 模型估算的 LAI，高时空分辨率 LAI 具有更加明显的时空变异性，多年月平均 LAI 值在 0~10 之间变化。原始 SWAT 模型估算的 LAI 主要受土地利用/土地覆盖类型控制，同种地物类型的 LAI 值是相同的，多年月平均 LAI 值均小于 2。改进后的 SWAT 模型的 LAI 更符合研究区植被生长和覆盖状况。

③改进后的 SWAT 模型模拟月径流量性能优于原始 SWAT 模型。原始与改进后的 SWAT 模型模拟的月径流量，较实测值的差值分别处于 −12.45~10.14 m^3/s、−12.08~8.61 m^3/s 之间，改进后的 SWAT 模型的差值降低了 −0.37~1.53 m^3/s 的误差。在基于 SWAT 模型改进的高寒、干旱草地生态系统水文过程模拟——以巴音河上游为例，率定期和验证期的原始 SWAT 模型的 R^2 均不小于 0.87，NSE 均不小于 0.85，PBIAS 处于 0~9%之间。改进后的 SWAT 模型在率定期和验证期的 R^2 值均不小于 0.90，NSE 值均不小于 0.89，PBIAS 值均处于 0~4%之间。改进后的 SWAT 模型的平均 R^2 值和平均 NSE 值较原始 SWAT 模型均提高了 0.025，平均 PBIAS 值降低了 2.85%。

④改进后的 SWAT 模型模拟泥沙含量性能优于原始 SWAT 模型。原始 SWAT 模型、改进后的 SWAT 模型模拟的月泥沙量较实测值差值分别处于 −314236.75~

90666.08 t、-234041.77~118166.08 t之间，改进后的SWAT模型的模拟值低估实测值的误差较原始SWAT模型降低了80194.98 t。在率定期，原始和改进后的SWAT模型的 R^2 值均为0.93，NSE值分别为0.87、0.89，PBIAS值分别为35.28%、29.24%。在验证期，原始和改进后的SWAT模型的 R^2 值分别为0.85、0.87，NSE值分别为0.79、0.86，PBIAS值分别为15.60%、-15.20%。改进后的SWAT模型的平均 R^2 值和平均NSE值分别为0.90、0.875，较原始SWAT的平均 R^2 值、平均NSE值分别提升了0.01、0.045，而PBIAS值减少了-0.4%~6%。

⑤改进后的SWAT模型模拟 *ET* 性能优于原始SWAT模型。改进后的SWAT模型的 R^2 值在率定期大于0.5的HRU面积比例较原始SWAT模型增加9.48%，在验证期 R^2 值大于0.7的HRU面积提升了226.20 km^2。对于验证期和率定期大于0.5的NSE值，改进后的SWAT模型的HRU总面积较原始SWAT模型增加了578.19 km^2。改进后的SWAT模型在率定期和验证期分别有37%和54%的HRU、12个和19个子流域同时满足 R^2 值和NSE值均大于0.5，PBIAS值处于-20%~20%之间的3个条件。而原始SWAT模型仅有29%和46%的HRU、9个和20个子流域满足以上3个条件。改进后的SWAT模型较原始SWAT模型满足以上3个条件的HRU数量比例提升了8%，子流域总数增加了2个。

9.2　气候变化影响下巴音河中下游作物涝害风险区识别及预测

本研究在SWAT-MODFLOW模型的基础上，开发了作物涝害识别模块，建立了WLSWAT-MODFLOW模型。利用WLSWAT-MODFLOW模型准确模拟巴音河中下游作物生长及水循环过程，并结合CMIP6下BCC-CSM2-MR模式模拟的SSP1-2.6、SSP2-4.5、SSP5-8.5气候变化情景，识别和预测不同情景下研究区作物涝害风险区。得到主要结论如下。

①与SVM和ANN分类方法相比，利用RF提取Sentinel-2地物信息的分类精度最高，德令哈灌区总体精度为95.63%，Kappa系数为0.95，尕海灌区总体精度为94.75%，Kappa系数为0.94。

②WLSWAT-MODFLOW模型对巴音河中下游出山径流、LAI、*ET*、春小麦产量、地下水位的模拟效果较好。出山径流量模拟的 R^2 及NSE值达到0.84，PBIAS值为3.5%。LAI的实测值与模拟值变化趋势基本一致。各子流域 *ET* 模拟的 R^2 值在0.72以上，NSE值均在0.74以上，除极个别子流域外，其余的PBIAS均在-15%~15%之间。各观测井地下水位模拟的 R^2 均在0.91以上，误差均在0.5 m以内。实际春小麦产量与模拟的春小麦产量平均误差为4.73 kg/hm^2。

③巴音河流域未来 80 年降水量在不同情景下总体呈现增加趋势。未来 80 年温度在 SSP2-4.5 与 SSP5-8.5 情景下呈显著的增加趋势。未来 80 年出山径流在 SSP1-2.6 情景下，2041 年以后明显高于其他情景。在 SSP2-4.5 情景下出山径流量显著减小。在 SSP5-8.5 情景下出山径流呈先减后增的趋势。

④2001~2020 年即历史时期，作物涝害风险区面积为 10.9 km^2。未来 80 年，作物涝害风险区面积最大值出现在 SSP1-2.6 情景下的 2055 年，为 11.52 km^2。作物涝害风险区面积最小值出现在 SSP2-4.5 情景下的 2042 年，为 9.49 km^2。各情景下巴音河中下游涝害风险区面积的大小主要受上游出山径流量影响。

9.3　巴音河中下游草地灌溉对生态水文过程的影响

本研究以典型干旱区内陆河流域巴音河中下游为研究区，利用 GEE 云平台，并基于 Sentinel-2 计算了植被水分指数 NDMI，采用 RF 提取了研究区灌溉草地和雨养草地信息，将提取的灌溉草地信息输入 SWAT-MODFLOW 耦合模型，基于模型模拟结果分析灌溉草地与雨养草地植物生长状态、地下水补给量、蒸散发量的差异，进行灌溉草地对区域水文过程的影响研究，得到如下结论。

①基于 RF 提取的灌溉草地与雨养草地、耕地交错混合分布，符合当地实际情况，被误分的现象较少，具有更为细腻的空间分布细节。灌溉草地提取总体精度为 96%，Kappa 系数为 0.85。

②基于 SSEBop *ET* 数据和地下水位观测井数据对 SWAT-MODFLOW 耦合模型进行了参数校准。结果表明，MODFLOW 最终模拟的地下水年平均回灌量为 $2.793\times10^8\ m^3/a$，地下水平均排放量为 $2.769\times10^8\ m^3/a$，全区断面径流量为 $2.814\times10^8\ m^3/a$，相对误差小于 5%。模拟的子流域尺度蒸散发 NES 在 0.76 以上，R^2 超过 0.75。

③月尺度上，灌溉草地和雨养草地平均 LAI 值呈现先上升后下降的趋势；且两种草地的 LAI 值变化趋势与降水呈现一致性。此外，灌溉并未改变草地 LAI 的季节变化趋势。年尺度上，灌溉草地与雨养草地 LAI 最大年份的 LAI 值差异最小，两种草地 LAI 值均最小的年份，二者的 LAI 值差异最大。

④季节尺度上，灌溉明显提高了草地在春季（尤其是 4 月）及秋季（尤其是 11）的 *ET* 值。在年际尺度上，灌溉使草地 *ET* 值趋于稳定且基本不受年降水量变化影响。

⑤雨养草地的地下水补给量与当月降水量相关，灌溉草地的地下水补给量与灌溉事件相关。季节尺度上，雨养草地在降水量较少的月份地下水补给极少，降水量较多的月份有少量地下水补给。灌溉草地在有灌溉事件发生的月份存在明显

地下水补给，且补给深度高于雨养草地 3~6 mm。在年际尺度上，雨养草地在年降水量较高的年份存在少量地下水补给，其余年份补给量极少。灌溉草地地下水补给深度比雨养草地高 22~26 mm。

参考文献

[1] Adams J B, Smith M O, Johnson P E. Spectral mixture modeling: a new analysis of rock and soil types at the viking lander 1 site [J]. Journal of Geophysical Research: Solid Earth, 1986, 91 (B8): 8089-8112.

[2] Al-Bakri J T, Suleiman A S. NDVI response to rainfall in different ecological zones in Jordan [J]. International Journal of Remote Sensing, 2004, 25 (19): 3897-3912.

[3] Alemayehu T, Van Griensven A, Taddesse Woldegiorgis B, et al. An improved SWAT vegetation growth module and its evaluation for four tropical ecosystems [J]. Hydrology and Earth System Sciences, 2017, 21 (9): 4449-4467.

[4] Alnahit A O, Mishra A K, Khan A A. Evaluation of high-resolution satellite products for streamflow and water quality assessment in a Southeastern US watershed [J]. Journal of Hydrology: Regional Studies, 2020, 27: 100660.

[5] An S, Chen X Q, Zhang X Y, et al. Precipitation and minimum temperature are primary climatic controls of alpine grassland autumn phenology on the Qinghai-Tibet plateau [J]. Remote Sensing. 2020, 12 (3): 431.

[6] Anache J A A, Flanagan D C, Srivastava A, et al. Land use and climate change impacts on runoff and soil erosion at the hillslope scale in the Brazilian Cerrado [J]. Science of the Total Environment, 2018, 622-623: 140-151.

[7] Su ker A E, Verma S B. Evapotranspiration of irrigated and rainfed maize-soybean cropping systems [J]. Agricultural and Forest Meteorology, 2009, 149: 443-452.

[8] Arnold J G, Moriasi D N, Gassman P W, et al. SWAT: Model use, calibration, and validation [J]. Transactions of the ASABE, 2012, 55 (4): 1491-1508.

[9] Arnold J G, Moriasi D N, Gassman P W, et al. SWAT: Model use, calibration, and validation [J]. Transactions of the ASABE, 2012, 55 (4): 1491-1508.

[10] Ayana E K, Dile Y H T, Narasimhan B, et al. Dividends in flow prediction improvement using high-resolution soil database [J]. Journal of Hydrology: Regional Studies, 2019, 21: 159-175.

[11] Bailey R T, Wible T C, Arabi M, et al. Assessing regional-scale spatio-temporal patterns of groundwater-surface water interactions using a coupled SWAT-MODFLOW model [J]. Hydrological Processes, 2016, 30 (23): 4420-4433.

[12] Bazzi H, Baghdadi N, Fayad I, et al. Irrigation events detection over intensively irrigated grass-

land plots using sentinel-1 data [J]. Remote Sensing, 2020, 12 (24): 4058.

[13] Beck H E, van Dijk A I J M, Levizzani V, et al. MSWEP: 3-hourly 0.25°global gridded precipitation (1979-2015) by merging gauge, satellite, and reanalysis data [J]. Hydrology and Earth System Sciences, 2017, 21 (1): 589-615.

[14] Bekele E B, Salama R B, Commander D P. Impact of change in vegetation cover on groundwater recharge to a phreatic aquifer in Western Australia: Assessment of several recharge estimation techniques [J]. Australia Journal of Earth Sciences, 2006, 53 (6): 905-917.

[15] Bhatta B, Shrestha S, Shrestha P K, et al. Evaluation and application of a SWAT model to assess the climate change impact on the hydrology of the Himalayan River Basin [J]. Catena, 2019, 181: 104082.

[16] Bogan S A, Antonarakis A S, Moorcroft P R. Imaging spectrometry-derived estimates of regional ecosystem composition for the Sierra Nevada, California [J]. Remote Sensing of Environment, 2019, 228: 14-30.

[17] Breiman L. Random Forests [J]. Machine Learning, 2001, 45 (1): 5-32.

[18] Carroll R W H, Huntington J L, Snyder K A, et al. Evaluating mountain meadow groundwater response to Pinyon-Juniper and temperature in a great basin watershed [J]. Ecohydrology, 2017, 10 (1): e1792.

[19] Chen J, Chen J, Liao A P, et al. Global land cover mapping at 30 m resolution: A POK-based operational approach [J]. ISPRS Journal of Photogrammetry and Remote Sensing, 2015, 103: 7-27.

[20] Chen J, Brissette F P, Leconte R. Uncertainty of downscaling method in quantifying the impact of climate change on hydrology [J]. Journal of Hydrology, 2011, 401 (3): 190-202.

[21] Chen S Z, Fu Y H, Wu Z F, et al. Informing the SWAT model with remote sensing detected vegetation phenology for improved modeling of ecohydrological processes [J]. Journal of Hydrology, 2023, 616: 128817.

[22] Chun J A, Baik J, Kim D, et al. A comparative assessment of SWAT-model-based evapotranspiration against regional-scale estimates [J]. Ecological Engineering, 2018, 122: 1-9.

[23] Cortes C, Vapnik V. Support-vector networks [J]. Machine learning, 1995, 20 (3): 273-297.

[24] De Andrade B C C, De Andrade Pinto E J, Ruhoff A, et al. Remote sensing-based actual evapotranspiration assessment in a data-scarce area of Brazil: A case study of the Urucuia Aquifer System [J]. International Journal of Applied Earth Observation and Geoinformation, 2021, 98: 102298.

[25] De Vries J J, Simmers I. Groundwater recharge: an overview of processes and challenges [J]. Hydrogeology Journal, 2002, 10 (1): 5-17.

[26] Dechmi F, Burguete J, Skhiri A. SWAT application in intensive irrigation systems: Model modification, calibration and validation [J]. Journal of Hydrology, 2012, 470/471: 227-238.

[27] Deines J M, Kendall A D, Crowley M A, et al. Mapping three decades of annual irrigation

across the US high plains aquifer using Landsat and Google Earth Engine [J]. Remote Sensing of Environment, 2019, 233: 111400.

[28] Dembélé M, Ceperley N, Zwart S J, et al. Potential of satellite and reanalysis evaporation datasets for hydrological modelling under various model calibration strategies [J]. Advances in Water Resources, 2020, 143: 103667.

[29] Dile Y H T, Ayana E K, Worqlul A W, et al. Evaluating satellite-based evapotranspiration estimates for hydrological applications in data-scarce regions: A case in Ethiopia [J]. The Science of the Total Environment, 2020, 743: 140702.

[30] Ding J, Zhu Q. The accuracy of multisource evapotranspiration products and their applicability in streamflow simulation over a large catchment of Southern China [J]. Journal of Hydrology: Regional Studies, 2022, 41: 101092.

[31] Ding M J, Zhang Y L, Sun X M, et al. Spatiotemporal variation in alpine grassland phenology in the Qinghai-Tibetan Plateau from 1999 to 2009 [J]. Chinese Science Bulletin. 2013, 58 (3): 396-405.

[32] Doble R, Simmons C, Jolly I, et al. Spatial relationships between vegetation cover and irrigation-induced groundwater discharge on a semi-arid floodplain, Australia [J]. Journal of Hydrology, 2006, 329 (1/2): 75-97.

[33] Duan Z, Liu J Z, Tuo Y, et al. Evaluation of eight high spatial resolution gridded precipitation products in Adige Basin (Italy) at multiple temporal and spatial scales [J]. Science of the Total Environment, 2016, 573: 1536-1553.

[34] Ebrahimi H, Ghazavi R, Karimi H. Estimation of groundwater recharge from the rainfall and irrigation in an arid environment using inverse modeling approach and RS [J]. Water Resources Management, 2016, 30 (6): 1939-1951.

[35] Eid A N M, Olatubara C O, Ewemoje T A, et al. Inland wetland time-series digital change detection based on SAVI and NDWI indecies: Wadi El-Rayan lakes, Egypt [J]. Remote Sensing Applications: Society and Environment, 2020, 19: 100347.

[36] Eini M R, Salmani H, Piniewski M. Comparison of process-based and statistical approaches for simulation and projections of rainfed crop yields [J]. Agricultural Water Management, 2023, 277: 108107.

[37] Eini M R, Javadi S, Delavar M, et al. High accuracy of precipitation reanalyses resulted in good river discharge simulations in a semi-arid basin [J]. Ecological Engineering, 2019, 131: 107-119.

[38] Fan J L, Oestergaard K T, Guyot A, et al. Estimating groundwater recharge and evapotranspiration from water table fluctuations under three vegetation covers in a coastal sandy aquifer of subtropical Australia [J]. Journal of Hydrology, 2014, 519: 1120-1129.

[39] Fan Y, Li H, Miguez-Macho G. Global patterns of groundwater table depth [J]. Science, 2013, 339 (6122): 940-943.

[40] Fang H L, Zhang Y H, Wei S S, et al. Validation of global moderate resolution leaf area index

(LAI) products over croplands in northeastern China [J]. Remote Sensing of Environment, 2019, 233: 111377.

[41] Fensholt R, Sandholt I, Rasmussen M S. Evaluation of MODIS LAI, fAPAR and the relation between fAPAR and NDVI in a semi-arid environment using in situ measurements [J]. Remote Sensing of Environment, 2004, 91 (3/4): 490-507.

[42] Ganjurjav H, Gornish E S, Hu G Z, et al. Warming and precipitation addition interact to affect plant spring phenology in alpine meadows on the central Qinghai-Tibetan Plateau [J]. Agricultural and Forest Meteorology. 2020, 287: 107943.

[43] Gao F, Masek J, Schwaller M, et al. On the blending of the Landsat and MODIS surface reflectance: predicting daily Landsat surface reflectance [J]. IEEE Transactions on Geoscience and Remote Sensing, 2006, 44 (8): 2207-2218.

[44] Gao T M, Zhang R Q, Zhang J. Effect of irrigation on vegetation production and biodiversity on grassland [J]. Procedia Engineering, 2012, 28: 613-616.

[45] Gao T, Zhu J J, Deng S Q, et al. Timber production assessment of a plantation forest: an integrated framework with field-based inventory, multi-source remote sensing data and forest management history [J]. International Journal of Applied Earth Observations and Geoinformation, 2016, 52: 155-165.

[46] Gassman P W, Reyes M R, Green C H, et al. The soil and water assessment tool: historical development, applications, and future research directions [J]. Transactions of the ASABE, 2007, 50 (4): 1211-1250.

[47] Germer S, Neill C, Krusche A V, et al. Influence of land-use change on near surface hydrological processes: Undisturbed forest to pasture [J]. Journal of Hydrology, 2010, 380 (3-4): 473-480.

[48] Ghassemi B, Dujakovic A, Żółtak M, et al. Designing a European-wide crop type mapping approach based on machine learning algorithms using LUCAS field survey and Sentinel-2 data [J]. Remote sensing, 2022, 14 (3): 541.

[49] Ghazavi R, Vali A B, Eslamian S. Impact of flood spreading on groundwater level variation and groundwater quality in an arid environment [J]. Water Resources Management, 2012, 26 (6): 1651-1663.

[50] Gim H J, Ho C H, Jeong S, et al. Improved mapping and change detection of the start of the crop growing season in the US Corn Belt from long-term AVHRR NDVI [J]. Agricultural and Forest Meteorology, 2020, 294: 108143.

[51] Graham S L, Kochendorfer J, McMillan A M S, et al. Effects of agricultural management on measurements, prediction, and partitioning of evapotranspiration in irrigated grasslands [J]. Agricultural Water Management, 2016, 177: 340-347.

[52] Grusson Y, Sun X L, Gascoin S, et al. Assessing the capability of the SWAT model to simulate snow, snow melt and streamflow dynamics over an alpine watershed [J]. Journal of Hydrology, 2015, 531: 574-588.

[53] Guo L, Chehata N, Mallet C, et al. Relevance of airborne LiDAR and multispectral image data for urban scene classification using random forests [J]. ISPRS Journal of Photogrammetry and Remote Sensing, 2011, 66 (1) : 56-66.

[54] Haas H, Kalin L, Srivastava P. Improved forest dynamics leads to better hydrological predictions in watershed modeling [J]. The Science of The Total Environment, 2022, 821: 153180.

[55] Han Z Y, Long D, Huang Q, et al. Improving reservoir outflow estimation for ungauged basins using satellite observations and a hydrological model [J]. Water Resources Research, 2020, 56 (9): e2020WR027590.

[56] Harbaugh A W. MODFLOW-2005, the U. S. Geological Survey modular ground-water model: the ground-water flow process [M]. Reston, VA, USA: US Department of the Interior, US Geological Survey, 2005.

[57] Hargreaves G H, Samani Z. Reference crop evapotranspiration from temperature [J]. Applied Engineering in Agriculture, 1985, 1 (2): 96-99.

[58] Hashemi H, Berndtsson R, Kompani-Zare M, et al. Natural vs. artificial groundwater recharge, quantification through inverse modeling [J]. Hydrology and Earth System Sciences, 2013, 17 (2): 637-650.

[59] Herman M R, Nejadhashemi A P, Abouali M, et al. Evaluating the role of evapotranspiration remote sensing data in improving hydrological modeling predictability [J]. Journal of Hydrology, 2018, 556: 39-49.

[60] Huang X T, Luo G P, Lv N N. Spatio-temporal patterns of grassland evapotranspiration and water use efficiency in arid areas [J]. Ecological research, 2017, 32 (4): 523-535.

[61] Hughes J D, Langevin C D, White J T. MODFLOW-based coupled surface water routing and groundwater-flow simulation [J]. GroundWater, 2015, 53 (3): 452-463.

[62] Ines A V M, Hansen J W. Bias correction of daily GCM rainfall for crop simulation studies [J]. Agricultural and Forest Meteorology, 2006, 138 (1-4): 44-53.

[63] Jaromir B, Karsten S. Retrieval of leaf area index (LAI) and soil water content (WC) using hyperspectral remote sensing under controlled glass house conditions for spring barley and sugar beet [J]. Remote Sensing, 2010, 2 (7): 1702-1721.

[64] Jepsen S M, Harmon T C, Guan B. Analyzing the suitability of remotely sensed ET for calibrating a watershed model of a mediterranean montane forest [J]. Remote Sensing, 2021, 13 (7): 1258.

[65] Jia S F, Zhu W B, Lü A, et al. A statistical spatial downscaling algorithm of TRMM precipitation based on NDVI and DEM in the Qaidam Basin of China [J]. Remote Sensing of Environment, 2011, 115 (12): 3069-3079.

[66] Jiang S H, Zhou M, Ren L L, et al. Evaluation of latest TMPA and CMORPH satellite precipitation products over Yellow River Basin [J]. Water Science and Engineering, 2016, 9 (2): 87-96.

[67] Jin H Y, Chen X H, Wang Y M, et al. Spatio-temporal distribution of NDVI and its influen-

cing factors in China [J]. Journal of Hydrology, 2021, 603: 127129.

[68] Jin X, Jin Y X, Mao X F, et al. Modelling the impact of vegetation change on hydrological processes in bayin river basin, northwest China [J]. Water, 2021, 13 (19): 2787.

[69] Jin X, Jin Y X, Zhai J Y, et al. Identification and prediction of crop waterlogging risk areas under the impact of climate change [J]. Water, 2022, 14 (12): 1956.

[70] Jin X, Jin Y, Mao X, et al. Modelling the impact of vegetation change on hydrological processes in bayin river basin, northwest China [J]. Water, 2021, 13 (19): 2787.

[71] Jin X, Jin Y X. Calibration of a distributed hydrological model in a data-scarce basin based on GLEAM datasets [J]. Water, 2020, 12 (3): 897.

[72] Jin X, Jin Y. Modifying the SWAT model to simulate hydrological processes in arid and alpine grassland ecosystems [J]. 2022.

[73] Jin X, Jin Y X, Yuan D H, et al. Effects of land-use data resolution on hydrologic modelling, a case study in the upper reach of the Heihe River, Northwest China [J]. Ecological Modelling, 2019, 404: 61-68.

[74] Jin X, Zhang L H, Gu J, et al. Modelling the impacts of spatial heterogeneity in soil hydraulic properties on hydrological process in the upper reach of the Heihe River in the Qilian Mountains, Northwest China [J]. Hydrological Processes, 2015, 29 (15): 3318-3327.

[75] Jin X, Jin Y X, Mao X F. Ecological risk assessment of cities on the Tibetan Plateau based on land use/land cover changes - Case study of Delingha City [J]. Ecological Indicators, 2019, 101: 185-191.

[76] Jin X, Jin Y X, Yuan D H, et al. Effects of land-use data resolution on hydrologic modelling, a case study in the upper reach of the Heihe River, Northwest China [J]. Ecological Modelling, 2019, 404: 61-68.

[77] Kamthonkiat D, Honda K, Turral H, et al. Discrimination of irrigated and rainfed rice in a tropical agricultural system using SPOT VEGETATION NDVI and rainfall data [J]. International Journal of Remote Sensing, 2005, 26 (12): 2527-2547.

[78] Kang X Y, Qi J Y, Li S, et al. A watershed-scale assessment of climate change impacts on crop yields in Atlantic Canada [J]. Agricultural Water Management, 2022, 269: 107680.

[79] Karra K, Kontgis C, Statman-Weil Z, et al. Global land use/land cover with Sentinel 2 and deep learning [C] //2021 IEEE international geoscience and remote sensing symposium IGARSS. Brussels, Belgium. IEEE, 2021: 4704-4707.

[80] Khatakho R, Talchabhadel R, Thapa B R. Evaluation of different precipitation inputs on streamflow simulation in Himalayan River basin [J]. Journal of Hydrology, 2021, 599: 126390.

[81] Kim J, Han H. Evaluation of the CMORPH high-resolution precipitation product for hydrological applications over South Korea [J]. Atmospheric Research, 2021, 258: 105650.

[82] Kim N W, Chung I M, Won Y S, et al. Development and application of the integrated SWAT-MODFLOW model [J]. Journal of hydrology, 2008, 356 (1-2): 1-16.

[83] Lai G Y, Luo J J, Li Q Y, et al. Modification and validation of the SWAT model based

on multi-plant growth mode, a case study of the Meijiang River Basin, China [J]. Journal of Hydrology, 2020, 585: 124778.

[84] Landmann T, Eidmann D, Cornish N, et al. Optimizing harmonics from Landsat time series data: The case of mapping rainfed and irrigated agriculture in Zimbabwe [J]. Remote Sensing Letters, 2019, 10 (11): 1038-1046.

[85] Le M H, Lakshmi V, Bolten J, et al. Adequacy of satellite-derived precipitation estimate for hydrological modeling in vietnam basins [J]. Journal of Hydrology, 2020, 586: 124820.

[86] Lee S, Qi J Y, McCarty G W, et al. Combined use of crop yield statistics and remotely sensed products for enhanced simulations of evapotranspiration within an agricultural watershed [J]. Agricultural Water Management, 2022, 264: 107503.

[87] Leng G Y, Tang Q H, Huang M Y, et al. A comparative analysis of the impacts of climate change and irrigation on land surface and subsurface hydrology in the North China Plain [J]. Regional Environmental Change, 2015, 15 (2): 251-263.

[88] Li C M, Tang G Q, Hong Y. Cross-evaluation of ground-based, multi-satellite and reanalysis precipitation products: Applicability of the Triple Collocation method across Mainland China [J]. Journal of Hydrology, 2018, 562: 71-83.

[89] Li R, Fu Y Y, Bergeron Y, et al. Assessing forest fire properties in Northeastern Asia and Southern China with satellite microwave emissivity difference vegetation index (EDVI) [J]. ISPRS Journal of Photogrammetry and Remote Sensing, 2022, 183: 54-65.

[90] Li S, Xu L, Jing Y H, et al. High-quality vegetation index product generation: A review of NDVI time series reconstruction techniques [J]. International Journal of Applied Earth Observation and Geoinformation, 2021, 105: 102640.

[91] Li X L, Lu H, Yu L, et al. Comparison of the spatial characteristics of four remotely sensed leaf area index products over China: Direct Validation and Relative Uncertainties [J]. Remote Sensing, 2018, 10 (1): 148.

[92] Liu J, Shangguan D H, Liu S Y, et al. Evaluation and comparison of CHIRPS and MSWEP daily-precipitation products in the Qinghai-Tibet Plateau during the period of 1981-2015 [J]. Atmospheric Research, 2019, 230: 104634.

[93] Liu W, Park S, Bailey R T, et al. Comparing SWAT with SWAT-MODFLOW hydrological simulations when assessing the impacts of groundwater abstractions for irrigation and drinking water [J]. Hydrology and Earth System Sciences Discussions, 2019: 1-51.

[94] Liu Y Z, Theller L O, Pijanowski B C, et al. Optimal selection and placement of green infrastructure to reduce impacts of land use change and climate change on hydrology and water quality: An application to the Trail Creek Watershed, Indiana [J]. The Science of The Total Environment, 2016, 553 (15): 149-163.

[95] Luo Y, Arnold J, Allen P, et al. Baseflow simulation using SWAT model in an inland river basin in Tianshan Mountains, Northwest China [J]. Hydrology and Earth System Sciences, 2012, 16 (4): 1259-1267.

[96] Luo Y, He C S, Sophocleous M, et al. Assessment of crop growth and soil water modules in SWAT2000 using extensive field experiment data in an irrigation district of the Yellow River Basin [J]. Journal of Hydrology, 2008, 352 (1/2): 139-156.

[97] Ma D, Xu Y P, Gu H T, et al. Role of satellite and reanalysis precipitation products in streamflow and sediment modeling over a typical alpine and gorge region in Southwest China [J]. The Science of the Total Environment, 2019, 685: 934-950.

[98] Ma T X, Duan Z, Li R K, et al. Enhancing SWAT with remotely sensed LAI for improved modelling of ecohydrological process in subtropics [J]. Journal of Hydrology, 2019, 570: 802-815.

[99] Mallick J, Singh C K, Shashtri S, et al. Land surface emissivity retrieval based on moisture index from LANDSAT TM satellite data over heterogeneous surfaces of Delhi city [J]. International Journal of Applied Earth Observation and Geoinformation, 2012, 19: 348-358.

[100] Marras P A, Lima D C A, Soares P M M, et al. Future precipitation in a Mediterranean island and streamflow changes for a small basin using EURO-CORDEX regional climate simulations and the SWAT model [J]. Journal of Hydrology, 2021, 603: 127025.

[101] Melaku N D, Wang J Y. A modified SWAT module for estimating groundwater table at Lethbridge and Barons, Alberta, Canada [J]. Journal of Hydrology, 2019, 575: 420-431.

[102] Mohammad H, Nicolas B, Gilles B, et al. Irrigated grassland monitoring using a time series of terraSAR-X and COSMO-skyMed X-Band SAR Data [J]. Remote Sensing, 2014, 6 (10): 10002-10032.

[103] Monsalve-Tellez J M, Torres-León J L, Garcés-Gómez Y A. Evaluation of SAR and optical image fusion methods in oil palm crop cover classification using the random forest algorithm [J]. Agriculture, 2022, 12 (7): 955.

[104] Moriasi D N, Arnold J G, Van Liew M W, et al. Model evaluation guidelines for systematic quantification of accuracy in watershed simulations [J]. Transactions of the ASABE, 2007, 50 (3): 885-900.

[105] Muhammad S, Zhan Y L, Wang L, et al. Major crops classification using time series MODIS EVI with adjacent years of ground reference data in the US state of Kansas [J]. Optik, 2016, 127 (3): 1071-1077.

[106] Munro I A . Irrigation of grassland [J]. Grass and Forage Science, 1958, 13 (3): 213-221.

[107] Musie M, Sen S, Srivastava P. Comparison and evaluation of gridded precipitation datasets for streamflow simulation in data scarce watersheds of Ethiopia [J]. Journal of Hydrology, 2019, 579: 124168.

[108] Nair S S, King K W, Witter J D, et al. Importance of crop yield in calibrating watershed water quality simulation Tools1 [J]. JAWRA Journal of the American Water Resources Association, 2011, 47 (6): 1285-1297.

[109] Niswonger R G, Panday S, Ibaraki M. MODFLOW-nwt, a Newton formulation for MODF-

LOW-2005 [J]. US Geological Survey Techniques and Methods, 2011, 6 (37): 44.

[110] Odusanya A E, Schulz K, Biao E I, et al. Evaluating the performance of streamflow simulated by an eco-hydrological model calibrated and validated with global land surface actual evapotranspiration from remote sensing at a catchment scale in West Africa [J]. Journal of Hydrology: Regional Studies, 2021, 37: 100893.

[111] Ou G X, Li R P, Pun M, et al. A MODFLOW package to linearize stream depletion analysis [J]. Journal of Hydrology, 2016, 532: 9-15.

[112] Ozdogan M, Yang Y, Allez G, et al. Remote sensing of irrigated agriculture: Opportunities and challenges [J]. Remote sensing, 2010, 2 (9): 2274-2304.

[113] Paciolla N, Corbari C, Hu G C, et al. Evapotranspiration estimates from an energy-water-balance model calibrated on satellite land surface temperature over the Heihe basin [J]. Journal of Arid Environments, 2021, 188: 104466.

[114] Daneshi A, Brouwer R, Najafinejad A, et al. Modelling the impacts of climate and land use change on water security in a semi-arid forested watershed using InVEST [J]. Journal of Hydrology, 2021, 593: 125621.

[115] Pandey A K, Singh A G, Gadhiya A R, et al. Current approaches in horticultural crops to mitigate waterlogging stress [M] //Stress Tolerance in Horticultural Crops. Amsterdam: Elsevier, 2021: 289-299.

[116] Panigrahi S, Verma K, Tripathi P. Review of MODIS EVI and NDVI data for data mining applications [M]//Data Deduplication Approaches. Amsterdam: Elsevier, 2021, 12: 231-253.

[117] Parajuli P B, Risal A, Ouyang Y, et al. Comparison of SWAT and MODIS evapotranspiration data for multiple timescales [J]. Hydrology, 2022, 9 (6): 103.

[118] Paul M, Rajib A, Negahban-Azar M, et al. Improved agricultural water management in data-scarce semi-arid watersheds: Value of integrating remotely sensed leaf area index in hydrological modeling [J]. Science of the Total Environment, 2021, 791: 148177.

[119] Penman H L. Evaporation: an introductory survey [J]. Netherlands Journal of Agricultural Science, 1956, 4 (1): 9-29.

[120] Perez-Valdivia C, Cade-Menun B, McMartin D W. Hydrological modeling of the pipestone creek watershed using the Soil Water Assessment Tool (SWAT): Assessing impacts of wetland drainage on hydrology [J]. Journal of Hydrology: Regional Studies, 2017, 14: 109-129.

[121] Piggott A R, Bobba A G, Xiang J N. Inverse analysis implementation of the SUTRA groundwater model [J]. Groundwater, 1994, 32 (5): 829-836.

[122] Priestley C H B, Taylor R J. On the assessment of surface heat flux and evaporation using large-scale parameters [J]. Monthly weather review, 1972, 100 (2): 81-92.

[123] Prodhan F A, Zhang J H, Pangali Sharma T P, et al. Projection of future drought and its impact on simulated crop yield over South Asia using ensemble machine learning approach [J]. The Science of The Total Environment, 2022, 807 (Pt 3): 151029.

[124] Qiu J. China faces up to groundwater crisis [J]. Nature, 2010, 466: 308.

[125] Rahman K U, Shang S H, Muhammad S, et al. Hydrological evaluation of merged satellite precipitation datasets for streamflow simulation using SWAT: A case study of Potohar Plateau, Pakistan [J]. Journal of Hydrology, 2020, 587: 125040.

[126] Rajib A, Evenson G R, Golden H E, et al. Hydrologic model predictability improves with spatially explicit calibration using remotely sensed evapotranspiration and biophysical parameters [J]. Journal of Hydrology, 2018, 567: 668-683.

[127] Rajib M A, Merwade V, Yu Z Q. Multi-objective calibration of a hydrologic model using spatially distributed remotely sensed/in-situ soil moisture [J]. Journal of hydrology, 2016, 536: 192-207.

[128] Ren H R, Zhou G S, Zhang F. Using negative soil adjustment factor in soil-adjusted vegetation index (SAVI) for aboveground living biomass estimation in arid grasslands [J]. Remote Sensing of Environment, 2018, 209: 439-445.

[129] Rodriguez-Galiano V F, Ghimire B, Rogan J, et al. An assessment of the effectiveness of a random forest classifier for land-cover classification [J]. ISPRS journal of photogrammetry and remote sensing, 2012, 67: 93-104.

[130] Roznik M, Boyd M, Porth L. Improving crop yield estimation by applying higher resolution satellite NDVI imagery and high-resolution cropland masks [J]. Remote Sensing Applications: Society and Environment, 2022, 25: 100693.

[131] Schlesinger W H, Jasechko S. Transpiration in the global water cycle [J]. Agricultural and Forest Meteorology, 2014, 189/190: 115-117.

[132] Schmidli J, Frei C, Vidale P L. Downscaling from GCM precipitation a benchmark for dynamical and statistical downscaling methods [J]. International Journal of Climatology, 2006, 26 (5): 679-689.

[133] Senay G B, Friedrichs M, Morton C, et al. Mapping actual evapotranspiration using Landsat for the conterminous United States: Google Earth Engine implementation and assessment of the SSEBop model [J]. Remote Sensing of Environment, 2022, 275: 113011.

[134] Shah S, Duan Z, Song X F, et al. Evaluating the added value of multi-variable calibration of SWAT with remotely sensed evapotranspiration data for improving hydrological modeling [J]. Journal of Hydrology, 2021, 603: 127046.

[135] Sharifi E, Steinacker R, Saghafian B. Multi time-scale evaluation of high-resolution satellite-based precipitation products over northeast of Austria [J]. Atmospheric Research, 2018, 206: 46-63.

[136] Shi H, Li L H, Eamus D, et al. Assessing the ability of MODIS EVI to estimate terrestrial ecosystem gross primary production of multiple land cover types [J]. Ecological Indicators, 2017, 72: 153-164.

[137] Shukla S, Jaber F H . Groundwater recharge from agricultural areas in the flatwoods region of south florida [J]. Agricultural & Biological Engineering, 2009.

[138] Sirisena T, Maskey S, Ranasinghe R, et al. Effects of different precipitation inputs on streamflow simulation in the Irrawaddy River Basin, Myanmar [J]. Journal of Hydrology: Regional Studies, 2018, 19: 265-278.

[139] Sjöström M, Ardö J, Arneth A, et al. Exploring the potential of MODIS EVI for modeling gross primary production across African ecosystems [J]. Remote Sensing of Environment, 2011, 115 (4): 1081-1089.

[140] Smith W K, Dannenberg M P, Yan D, et al. Remote sensing of dryland ecosystem structure and function: Progress, challenges, and opportunities [J]. Remote Sensing of Environment, 2019, 233: 11401.

[141] Sorribas M V, De Paiva R C D, Santos Fleischmann A, et al. Hydrological tracking model for amazon surface waters [J]. Water Resources Research, 2020, 56 (9): e2019WR024721.

[142] Spadoni G L, Cavalli A, Congedo L, et al. Analysis of normalized difference vegetation index (NDVI) multi-temporal series for the production of forest cartography [J]. Remote Sensing Applications: Society and Environment, 2020, 20: 100419.

[143] Sriwongsitanon N, Suwawong T, Thianpopirug S, et al. Validation of seven global remotely sensed *ET* products across Thailand using water balance measurements and land use classifications [J]. Journal of Hydrology: Regional Studies, 2020, 30: 100709.

[144] Sun B, Li Z, Gao W, et al. Identification and assessment of the factors driving vegetation degradation/regeneration in drylands using synthetic high spatiotemporal remote sensing Data—A case study in Zhenglanqi, Inner Mongolia, China [J]. Ecological Indicators, 2019, 107: 105614.

[145] Sun C X, Liu L Y, Guan L L, et al. Validation and error analysis of the MODIS LAI product in Xilinhot grassland [J]. Journal of Remote Sensing, 2014, 18 (3): 518-536.

[146] Sun G Y, Jiao Z J, Zhang A Z, et al. Hyperspectral image-based vegetation index (HSVI): A new vegetation index for urban ecological research [J]. International Journal of Applied Earth Observations and Geoinformation, 2021, 103: 102529.

[147] Talchabhadel R, Aryal A, Kawaike K, et al. Evaluation of precipitation elasticity using preci pitation data from ground and satellite-based estimates and watershed modeling in Western Nepal [J]. Journal of Hydrology: Regional Studies, 2021, 33: 100768.

[148] Tang Q, Hu H, Oki T. Groundwater recharge and discharge in a hyperarid Alluvial Plain (Akesu, Taklimakan Desert, China) [J]. Hydrological Processes, 2007, 21 (10): 1345-1353.

[149] Tariq A, Yan J, Gagnon A S, et al. Mapping of cropland, cropping patterns and crop types by combining optical remote sensing images with decision tree classifier and random forest [J]. Geo-spatial Information Science, 2023: 26 (3): 302-320.

[150] Tavakoly A A, Habets F, Saleh F, et al. An integrated framework to model nitrate contaminants with interactions of agriculture, groundwater, and surface water at regional scales: The STICS-EauDyssée coupled models applied over the Seine River Basin [J]. Journal of hydrolo-

gy, 2019, 568: 943-958.

[151] Teutschbein C, Seibert J. Bias correction of regional climate model simulations for hydrological climate-change impact studies: Review and evaluation of different methods [J]. Journal of Hydrology, 2012, 456/457: 12-29.

[152] Tian W, Liu X M, Wang K W, et al. Evaluation of six precipitation products in the Mekong River Basin [J]. Atmospheric Research, 2021, 255: 105539.

[153] Trefry M G, Muffels C. FEFLOW: A finite-element groundwater flow and transport modeling tool [J]. Ground Water, 2007, 45 (5): 525-528.

[154] Tuo Y, Duan Z, Disse M, et al. Evaluation of precipitation input for SWAT modeling in Alpine catchment: A case study in the Adige river basin (Italy) [J]. The Science of the Total Environment, 2016, 573: 66-82.

[155] Uniyal B, Dietrich J, Vu N Q, et al. Simulation of regional irrigation requirement with SWAT in different agro-climatic zones driven by observed climate and two reanalysis datasets [J]. Science of the total environment, 2019, 649: 846-865.

[156] Vazquez-Amábile G G, Engel B A. Use of SWAT to compute groundwater table depth and streamflow in the Muscatatuck River watershed [J]. Transactions of the ASAE, 2005, 48 (3): 991-1003.

[157] Vogels M F A, De Jong S M, Sterk G, et al. Spatio-temporal patterns of smallholder irrigated agriculture in the horn of Africa using GEOBIA and Sentinel-2 imagery [J]. Remote Sensing, 2019, 11 (2): 143.

[158] Wagle P, Gowda P H, Xiao X M, et al. Parameterizing ecosystem light use efficiency and water use efficiency to estimate maize gross primary production and evapotranspiration using MODIS EVI [J]. Agricultural and Forest Meteorology, 2016, 222: 87-97.

[159] Wang N, Liu W B, Sun F B, et al. Evaluating satellite-based and reanalysis precipitation datasets with gauge-observed data and hydrological modeling in the Xihe River Basin, China [J]. Atmospheric Research, 2020, 234: 104746.

[160] Wang T, Tu X J, Singh V P, et al. Global data assessment and analysis of drought characteristics based on CMIP6 [J]. Journal of Hydrology, 2021, 596: 126091.

[161] Wei L Y, Jiang S H, Ren L L, et al. Evaluation of seventeen satellite-, reanalysis-, and gauge - based precipitation products for drought monitoring across mainland China [J]. Atmospheric Research, 2021, 263: 105813.

[162] Wen G, Wang W, Duan L, et al. Quantitatively evaluating exchanging relationship between river water and groundwater in Bayin River Basin of northwest China using hydrochemistry and stable is otope [J]. Arid Land Geogr, 2018, 41: 734-743.

[163] White K L C I. Sensitivity analysis, calibration, and validations for a multisite and multivariable SWAT model 1 [J]. Journal of the American Water Resources Association, 2010.

[164] Williams J R. Chapter 25: The EPIC model [J]. Computer Models of Watershed Hydrology, 1995: 909-1000.

[165] Wischmeier W H, Smith D D. Predicting rainfall erosion losses—a guide to conservation planning [J]. United States. Dept. of Agriculture. Agriculture handbook (USA), 1978.

[166] Wu D D, Xie X H, Tong J X, et al. Sensitivity of vegetation growth to precipitation in a typical afforestation area in the loess plateau: plant-water coupled modelling [J]. Ecological Modelling, 2020, 430: 109128.

[167] Wu G L, Huang Z, Liu Y F, et al. Soil water response of plant functional groups along an artificial legume grassland succession under semi-arid conditions [J]. Agricultural and Forest Meteorology, 2019, 278: 107670.

[168] Wu Q, Zhong R F, Zhao W J, et al. Land-cover classification using GF-2 images and airborne LiDAR databased on random forest [J]. International Journal of Remote Sensing, 2019, 40 (5-6): 2410-2426.

[169] Yang W, Jin F, Si Y, et al. Runoff change controlled by combined effects of multiple environmental factors in a headwater catchment with cold and arid climate in northwest China [J]. Science of the Total Environment, 2021, 756: 143995.

[170] Xie Z Y, Zhu W Q, He B K, et al. A background-free phenology index for improved monitoring of vegetation phenology [J]. Agricultural and Forest Meteorology, 2022, 315: 108826.

[171] Xu T R, Guo Z X, Xia Y L, et al. Evaluation of twelve evapotranspiration products from machine learning, remote sensing and land surface models over conterminous United States [J]. Journal of Hydrology, 2019, 578: 124105.

[172] Xuan F, Dong Y, Li J Y, et al. Mapping crop type in Northeast China during 2013-2021 using automatic sampling and tile-based image classification [J]. International Journal of Applied Earth Observation and Geoinformation, 2023, 117: 103178.

[173] Yang L S, Feng Q, Yin Z L, et al. Regional hydrology heterogeneity and the response to climate and land surface changes in arid alpine basin, northwest China [J]. Catena, 2020, 187: 104345.

[174] Yang N, Zhou P P, Wang G C, et al. Hydrochemical and isotopic interpretation of interactions between surface water and groundwater in Delingha, Northwest China [J]. Journal of Hydrology, 2021, 598: 126243.

[175] Yang Y P, Huang Q T, Wu Z F, et al. Mapping crop leaf area index at the parcel level via inverting a radiative transfer model under spatiotemporal constraints: A case study on sugarcane [J]. Computers and Electronics in Agriculture, 2022, 198: 107003.

[176] Yao Y Y, Zheng C M, Tian Y, et al. Numerical modeling of regional groundwater flow in the Heihe River Basin, China: Advances and new insights [J]. Science China: Earth Sciences, 2015, 58 (1): 3-15.

[177] Yazdandoost F, Moradian S, Izadi A, et al. Evaluation of CMIP6 precipitation simulations across different climatic zones: Uncertainty and model intercomparison [J]. Atmospheric Research, 2021, 250: 105369.

[178] Yen H, White M J, Ascough J C, et al. Augmenting watershed model calibration with incorpo-

ration of ancillary data sources and qualitative soft data sources [J]. JAWRA Journal of the American Water Resources Association, 2016, 52 (3): 788-798.

[179] Yin X W, Feng Q, Zheng X J, et al. Assessing the impacts of irrigated agriculture on hydrological regimes in an oasis - desert system [J]. Journal of Hydrology, 2021, 594 (1): 125976.

[180] Zhang G X, Su X L, Ayantobo O O, et al. Spatial interpolation of daily precipitation based on modified ADW method for gauge-scarce mountainous regions: A case study in the Shiyang River Basin [J]. Atmospheric Research, 2021, 247: 105167.

[181] Zhang G, Guhathakurta S, Dai G, et al. The control of land-use patterns for stormwater management at multiple spatial scales [J]. Environmental Management, 2013, 51 (3): 555-570.

[182] Zhang H, Wang B, Liu D L, et al. Using an improved SWAT model to simulate hydrological responses to land use change: A case study of a catchment in tropical Australia [J]. Journal of Hydrology, 2020, 585: 124822.

[183] Zhang J, Ross M, Trout K. Certification tests of MODFLOW implementation in the integrated hydrologic model [J]. Journal of Hydrologic Engineering, 2014, 19 (3): 643-648.

[184] Zhao J, Zhong Y, Hu X, et al. A robust spectral-spatial approach to identifying heterogeneous crops using remote sensing imagery with high spectral and spatial resolutions [J]. Remote Sensing of Environment, 2020, 239: 111605.

[185] Zhao W, Lin Y, Zhou P, et al. Characteristics of groundwater circulation in Northeast Qinghai-Tibet Plateau and its response to climate change and human activities: A case study of Delingha, Qaidam Basin [J]. China Geology, 2021, 4 (3): 1-13.

[186] Zheng J, Fan J L, Zhang F C, et al. Rainfall partitioning into throughfall, stemflow and interception loss by maize canopy on the semi-arid Loess Plateau of China [J]. Agricultural Water Management, 2018, 195: 25-36.

[187] Zhu W B, Lv A F, Jia S F. Spatial distribution of vegetation and the influencing factors in Qaidam Basin based on NDVI [J]. Journal of Arid Land, 2011, 3 (2): 85- 93.

[188] Zhu X L, Chen J, Gao F, et al. An enhanced spatial and temporal adaptive reflectance fusion model for complex heterogeneous regions [J]. Remote Sensing of Environment, 2010, 114 (11) : 2610-2623.

[189] Zhu Y Y, Yang S. Evaluation of CMIP6 for historical temperature and precipitation over the Tibetan Plateau and its comparison with CMIP5 [J]. Advances in Climate Change Research, 2020, 11 (3): 239-251.

[190] Zhuang Q F, Shi Y T, Shao H, et al. Evaluating the SSEBop and RSPMPT models for irrigated fields daily evapotranspiration mapping with MODIS and CMADS data [J]. Agriculture, 2021, 11 (5): 424.

[191] Zuo Y, Chen J, Lin S, et al. The runoff changes are controlled by combined effects of multiple regional environmental factors in the alpine hilly region of Northwest China [J]. The Sci-

ence of The Total Environment, 2023, 862 (1): 160835.
[192] 常启昕．高寒山区河道径流水分来源及其季节变化规律 [D]. 北京: 中国地质大学, 2019, 181.
[193] 陈成广, 李晶晶, 滕凯玲, 等. 基于 SWAT 模型的绍兴城市径流时空演变规律分析 [J]. 水文, 2017, 37 (4): 29-34.
[194] 陈彦四, 黄春林, 侯金亮, 等. 基于多时相 Sentinel-2 影像的黑河中游玉米种植面积提取研究 [J]. 遥感技术与应用, 2021, 36 (2): 324-331.
[195] 成爱芳, 起冯, 张健恺, 等. 未来气候情景下气候变化响应过程研究综述 [J]. 地理科学, 2015, 35 (1): 84-90.
[196] 程国栋, 肖洪浪, 傅伯杰, 等. 黑河流域生态—水文过程集成研究进展 [J]. 地球科学进展, 2014, 29 (4): 431-437.
[197] 崔远来, 刘路广. 灌区水文模型构建与灌溉用水评价 [M]. 北京: 科学出版社, 2015.
[198] 德令哈市地方志编纂委员会. 德令哈市志 [M]. 北京: 方志出版社, 2004.
[199] 翟婧雅, 金彦香, 金鑫. 巴音河流域水化学与氢氧同位素特征研究 [J]. 灌溉排水学报, 2022, 41 (11): 101-106.
[200] 邸择雷, 乌云娜, 宋彦涛, 等. 额尔古纳市森林草原过渡带极端气候指数变化 [J]. 生态学杂志, 2019, 38 (10): 3143-3152.
[201] 丁永建, 周成虎, 邵明安, 等. 地表过程研究进展与趋势 [J]. 地球科学进展, 2013, 28 (4): 407-419.
[202] 杜玉娥, 刘宝康, 贺卫国, 等. 1976-2017 年柴达木盆地湖泊面积变化及其成因分析 [J]. 冰川冻土, 2018, 40 (6): 1275-1284.
[203] 杜中曼, 马文明, 周青平, 等. 基于遥感技术的植被识别方法研究进展 [J]. 生态科学, 2022, 41 (6): 222-229.
[204] 鄂刚. 基于 SWAT 模型土地利用多情景变换下的径流模拟 [D]. 兰州: 兰州大学, 2020.
[205] 冯林传. 巴音河山前冲洪积平原地下水资源开发利用研究 [D]. 西安: 长安大学, 2011.
[206] 傅笛, 金鑫, 金彦香, 等. 巴音河中下游农业灌溉对地下水补给量与排泄量的影响 [J]. 水电能源科学, 2021, 39 (10): 63-67.
[207] 海西州统计年鉴 (2002 年) [M]. 海西年鉴编辑部, 2002.
[208] 韩廷芳, 祁栋林, 陈宏松, 等. 柴达木盆地降水的时空分布特征 [J]. 沙漠与绿洲气象, 2019, 13 (2): 69-75.
[209] 杭艳红, 苏欢, 于滋洋, 等. 结合无人机光谱与纹理特征和覆盖度的水稻叶面积指数估算 [J]. 农业工程学报, 2021, 37 (9): 64-71.
[210] 何韶阳, 田静, 张永强. 三种高分辨率地表蒸散发产品在华北地区的验证与对比 [J]. 资源科学, 2020, 42 (10): 2035-2046.
[211] 侯美亭, 赵海燕, 王筝, 等. 基于卫星遥感的植被 NDVI 对气候变化响应的研究进展 [J]. 气候与环境研究, 2013, 18 (3): 353-364.

[212] 季桂树，陈沛玲，宋航．决策树分类算法研究综述 [J]. 科技广场，2007 (1)：9-12.
[213] 姜璐璐，吴欢，Lorenzo Alfieri，等．基于遥感与区域化方法的无资料流域水文模型参数优化方法 [J]. 北京大学学报 (自然科学版)，2020，56 (6)：1152-1164.
[214] 解毅，张永清，荀兰，等．基于多源遥感数据融合和 LSTM 算法的作物分类研究 [J]. 农业工程学报，2019，35 (15)：129-137.
[215] 金鑫，金彦香，杨登兴．SWAT 模型在土地利用/覆被变化剧烈地区的改进与应用 [J]. 地球信息科学学报，2018，20 (8)：1064-1073.
[216] 金鑫，金彦香．TRMM 及 GPM 降水数据在高寒内陆河流域的准确性评估 [J]. 地球信息科学学报，2021，23 (3)：395-404.
[217] 金鑫．基于 SWAT 模型的土地利用/覆被变化对流域水文过程的影响研究 [D]. 兰州：兰州大学，2016.
[218] 赖格英，仇霖，张智勇，等．基于多植物生长模式的 SWAT 模型的修正与有效性初探 [J]. 湖泊科学，2018，30 (2)：472-487.
[219] 李冬丽，贺海波，张雪程，等．柴达木盆地东北部巴音河小流域水化学特征及来源 [J]. 地球科学与环境学报，2023，45 (3)：749-759.
[220] 李峰，胡铁松，黄华金．SWAT 模型的原理、结构及其应用研究 [J]. 中国农村水利水电，2008 (3)：24-28.
[221] 李林，申红艳，李红梅，等．柴达木盆地气候变化的区域显著性及其成因研究 [J]. 自然资源学报，2015，30 (4)：641-650.
[222] 李晓健．基于多源时序数据融合的内蒙古草原草地分类算法的研究与应用 [D]. 呼和浩特：内蒙古农业大学，2023.
[223] 李新，程国栋，康尔泗，等．数字黑河的思考与实践 3：模型集成 [J]. 地球科学进展，2010，25 (8)：851-865.
[224] 李雅培，朱睿，刘涛，等．基于 BCC-CSM2-MR 模式的疏勒河流域未来气温降水变化趋势分析 [J]，2021.
[225] 李艳忠，刘昌明，刘小莽，等．植被恢复工程对黄河中游土地利用/覆被变化的影响 [J]. 自然资源学报，2016，31 (12)：2005-2020.
[226] 林昌杰．植被碳水通量对水分条件的响应机制及其耦合变化特征 [D]. 北京：清华大学，2019.
[227] 林峰，陈兴伟，姚文艺，等．基于 SWAT 模型的森林分布不连续流域水源涵养量多时间尺度分析 [J]. 地理学报，2020，75 (5)：1065-1078.
[228] 刘婵，刘冰，赵文智，等．黑河流域植被水分利用效率时空分异及其对降水和气温的响应 [J]. 生态学报，2020，40 (3)：888-899.
[229] 刘昌明，白鹏，王中根，等．稀缺资料流域水文计算若干研究：以青藏高原为例 [J]. 水利学报，2016，47 (3)：272-282.
[230] 刘纪远，张增祥，徐新良，等．21 世纪初中国土地利用变化的空间格局与驱动力分析 [J]. 地理学报，2009，64 (12)：1411-1420.
[231] 刘正茂，夏广亮，吕宪国，等．近 50 年来三江平原水循环过程对人类活动和气候变化

的响应［J］. 南水北调与水利科技，2011.
［232］骆月珍，潘娅英，周玉．不同叶面积指数遥感产品在浙江省的差异比较研究［J］. 农业现代化研究，2019，40（5）：851-861.
［233］马小强，李小林．德令哈市尕海地区地下水上升造成的危害及发展趋势［J］. 青海国土经略，2006（4）：38-40.
［234］美合日阿依・莫一丁，买买提・沙吾提，李金朝．基于 Sentinel-2 时间序列数据及物候特征的棉花种植区提取［J］. 干旱区地理，2022，45（6）：1847-1859.
［235］牟晓莉，李贺，黄翀，等．Google Earth Engine 在土地覆被遥感信息提取中的研究进展［J］. 国土资源遥感，2021，33（2）：1-10.
［236］青海省农业资源区划办公室．青海土壤［M］. 北京：中国农业出版社，1997：263-285.
［237］瞿思敏，杨庆一，郑何声园，等．系统微分响应参数率定方法在 SWAT 模型中的应用［J］. 水资源保护，2023，39（2）：118-124
［238］任秀金，盖艾鸿，宋金蕊．1999-2009 年青海省德令哈市土地利用/覆盖变化特征［J］. 水土保持通报，2014，34（5）：248-253.
［239］宋玉鑫，左其亭，马军霞．基于 SWAT 模型的开都河流域水文干旱变化特征及驱动因子分析［J］. 干旱区研究，2021，38（3）：610-617.
［240］宋增芳，曾建军，金彦兆，等．基于 SWAT 模型和 SUFI-2 算法的石羊河流域月径流分布式模拟［J］. 水土保持通报，2016，36（5）：172-177.
［241］孙晨曦，刘良云，关琳琳．内蒙古锡林浩特草原 GLASS LAI 产品的真实性检验［J］. 遥感技术与应用，2013，28（6）：949-954.
［242］田凤云，吴成来，张贺，等．基于 CAS-ESM2 的青藏高原蒸散发的模拟与预估［J］. 地球科学进展，2021，36（8）：797-809.
［243］王浩，贾仰文，牛存稳．变化中的“自然-社会”二元水循环：流域水循环演变 机理与水资源高效利用［J］. 科技纵览，2017（4）：56-58.
［244］王浩，陆垂裕，秦大庸，等．地下水数值计算与应用研究进展综述［J］. 地学前缘，2010，17（6）：1-12.
［245］王婷．利用卫星遥感技术监测紫花苜蓿人工草地返青状况及氮磷含量-以阿鲁科尔沁旗为例［D］. 呼和浩特：内蒙古大学.
［246］王文，杨佳汇，花甜甜，等．多源蒸散发数据融合及其在干旱监测中的应用［J］. 人民长江，2020，51（8）：19-26.
［247］王中根，刘昌明，黄友波．SWAT 模型的原理，结构及应用研究［J］. 地理科学进展，2003，22（1）：79-861.
［248］魏冲，宋轩，陈杰．SWAT 模型对景观格局变化的敏感性分析——以丹江口库区老灌河流域为例［J］. 生态学报，2014，34（2）：517-525.
［249］魏胜利，苏伟杰．分布式地下水模拟模型 MODFLOW 介绍与应用［J］. 水利规划与设计，2011，101（3）：30-32.
［250］文广超，王文科，段磊，等．基于水化学和稳定同位素定量评价巴音河流域地表水与地

下水转化关系［J］. 干旱区地理，2018，41（4）：734-743.
［251］文广超，王文科，段磊，等. 青海柴达木盆地巴音河上游径流量对气候变化和人类活动的响应［J］. 冰川冻土，2018，40（1）：136-144.
［252］吴波，辛晓歌. CMIP6 年代际气候预测计划（DCPP）概况与评述［J］. 气候变化研究进展，2019，15（5）：476-480.
［253］吴德丰. 基于 SWAT-MODFLOW 的灌区土壤水与地下水转化特征研究［D］. 郑州：华北水利水电大学，2021.
［254］吴佳，高学杰. 一套格点化的中国区域逐日观测资料及与其它资料的对比［J］. 地球物理学报，2013，56（4）：1102-1111.
［255］武慧敏，吕爱锋，张文翔. 巴音河流域水文干旱对气象干旱的响应［J］. 南水北调与水利科技（中英文），2022，20（3）：9.
［256］奚建梅，杨现坤，吕喜玺，等. 基于 SWAT 模型的黑河与白河流域水文模拟研究［J］. 人民黄河，2021，43（10）：60-66，113.
［257］熊育久，冯房观，方奕舟，等. 蒸散发遥感反演产品应用关键问题浅议［J］. 遥感技术与应用，2021，36（1）：121-131.
［258］徐浩杰，杨太保. 柴达木盆地植被生长时空变化特征及其对气候要素的响应［J］. 自然资源学报，2014，29（3）：398-409.
［259］徐宗学，程磊. 分布式水文模型研究与应用进展［J］. 水利学报，2010，42（9）：1009-1017.
［260］薛联青，魏卿，魏光辉. 塔里木河干流地表水与地下水耦合模拟［J］. 河海大学学报（自然科学版），2019（3）：195-201.
［261］严欣荣，官凤英. 竹资源遥感监测研究进展［J］. 遥感技术与应用，2020，35（4）：731-740.
［262］杨文静，赵建世，赵勇，等. 基于结构方程模型的蒸散发归因分析［J］. 清华大学学报（自然科学版），2022，62（3）：8.
［263］杨一凡. 巴音河流域枸杞不同栽培措施下土壤水分特征及利用评价［D］. 杨凌：西北农林科技大学，2020.
［264］杨勇帅，李爱农，靳华安，等. 中国西南山区 GEOV1、GLASS 和 MODIS LAI 产品的对比分析［J］. 遥感技术与应用，2016，31（3）：438-450.
［265］姚平. 复杂流场下气体超声波流量计测量精度提升方法［D］. 杭州：浙江大学，2018.
［266］张佳怡，伦玉蕊，刘浏，等. CMIP6 多模式在青藏高原的适应性评估及未来气候变化预估［J］. 北京师范大学：北京师范大学学报（自然科学版），2022，58（1）：77-89.
［267］张淑兰，于澎涛，张海军，等. 泾河流域上游土石山区和黄土区森林覆盖率变化的水文影响模拟［J］. 生态学报，2015，35（4）：1068-1078.
［268］张斯琦，陈辉，宋明华，等. 2000—2015 年柴达木盆地植被覆盖度时空变化及其与环境因子的关系［J］. 干旱区地理，2019，42（5）：166-174.
［269］张彦，刘婷，包卓雅，等. 基于 Sentinel-2 与 GF-6 WFV 数据的花生种植面积提取差异分析［J］. 河南农业科学，2021，50（6）：163-170.

[270] 张瑜．西安市城市热岛效应宏观动态监测和模拟预测模型研究［D］．西安：长安大学，2016.

[271] 张宇欣，李育，朱耿睿．青藏高原海拔要素对温度、降水和气候型分布格局的影响［J］．冰川冻土，2019，41（3）：505-515.

[272] 张招招，程军蕊，毕军鹏，等．甬江流域土地利用方式对面源磷污染的影响：基于SWAT模型研究［J］．农业环境科学学报，2019，38（3）：650-658.

[273] 赵佳辉．巴音河流域农田灌溉模式对地下水补给的影响研究［D］．西安：长安大学，2018.

[274] 赵玲玲，刘昌明，吴潇潇，等．水文循环模拟中下垫面参数化方法综述［J］．地理学报，2016，71（7）：1091-1104.

[275] 赵梅娟．巴音河流域中下游生态地质环境演化对人类活动的响应［D］．焦作：河南理工大学，2021.

[276] 赵文利，熊育久，邱国玉，等．模型结构与参数化差异对蒸散发估算的影响［J］．北京大学学报（自然科学版），2021，57（1）：162-172.

[277] 赵振，陈惠娟．青海省德令哈市尕海地区地下水位上升治理勘查方案研究［J］．勘察科学技术，2014，（1）：45-48.

[278] 郑昊昌．2021．黄河中上游流域气候变化特征分析及对径流的影响研究［D］．西安：长安大学，109.

[279] 郑捷，李光永，韩振中，等．改进的SWAT模型在平原灌区的应用［J］．水利学报，2011，42（1）：88-97.

[280] 周铮．基于SWAT-MODFLOW模型的北山水库流域地表—地下水耦合模拟研究［D］．南京：南京大学，2021.